钳加工技能训练

主　编　蒋召杰

副主编　李云杰　刘晓辉

参　编　陆宏飞　覃燕珍

　　　　陈小刚　王　冬

机 械 工 业 出 版 社

本教材是在“以就业为导向，工学结合”的职业教育办学思想指导下，以钳工基本技能任务为引领，以国家职业技能标准为依据，结合机械类专业一体化课程教学需要编写的。本教材主要内容包括了解钳工、掌握钳工常用工具、掌握钳工常用量具、划线、锯削、锉削、孔与螺纹加工、刮削——平板制作、研磨——直角尺制作及钳工综合技能训练共10个任务。除任务10外，每项任务由“学习任务要求”“工作页”“学习任务应知应会考核”三部分组成。

本教材可供职业院校模具、机电、汽修、机械类及相关专业的钳工技能实训及一体化课程教学使用，也可作为鉴定培训机构钳工技能鉴定培训教材，还可供企业相关技术人员参考。

图书在版编目（CIP）数据

钳加工技能训练 / 蒋召杰主编 . —北京：机械工业出版社，2019.8（2023.9 重印）
ISBN 978-7-111-63034-0

Ⅰ . ①钳…　Ⅱ . ①蒋…　Ⅲ . ①钳工 – 教材　Ⅳ . ① TG9

中国版本图书馆 CIP 数据核字（2019）第 171464 号

机械工业出版社（北京市百万庄大街 22 号　邮政编码 100037）
策划编辑：侯宪国　责任编辑：侯宪国
责任校对：王　欣　封面设计：马精明
责任印制：郜　敏
北京中科印刷有限公司印刷
2023 年 9 月第 1 版第 6 次印刷
184mm × 260mm · 12.25 印张 · 300 千字
标准书号：ISBN 978-7-111-63034-0
定价：39.80 元

电话服务　网络服务
客服电话：010-88361066　机　工　官　网：www.cmpbook.com
010-88379833　机　工　官　博：weibo.com/cmp1952
010-68326294　金　书　网：www.golden-book.com
封底无防伪标均为盗版　机工教育服务网：www.cmpedu.com

前　言

本教材是在“以就业为导向，工学结合”的职业教育办学思想指导下，以钳工基本技能任务为引领，以国家职业技能标准为依据，结合机械类专业一体化课程教学需要编写的，充分体现了以技能训练为目的，将相关知识点和技能点紧密结合的特点。本教材依据“以应用为目的，以必需、够用为度，以强化应用为教学重点”的原则，为后续技能提高奠定了基础，也体现了职业教育工学结合、基于工作过程、理论与实践一体化的课程教学方法，突出对学生应用能力和综合素质的培养。

本教材将企业的典型工作任务转化到学习领域，将工作任务分解为学习任务要求、工作页、知识考核三个方面，加强对学生创新能力的培养。

本教材选例典型，工艺知识安排合理，技能训练的内容具有较大的弹性和较强的可操作性，适合不同地区、不同层次学生的学习、培训与职业资格考证的需要。本教材可供职业院校模具、机电、汽修、机械类及相关专业的钳工技能实训及一体化课程教学使用，也可作为鉴定培训机构钳工技能鉴定培训教材，还可供企业相关技术人员参考。

本教材由广西机电技师学院蒋召杰任主编，李云杰、刘晓辉任副主编，陆宏飞、覃燕珍、陈小刚、王冬参与编写，汤一帆、梁伟光负责审稿。在本教材编写过程中借鉴了国内外同行的相关资料，并得到了兄弟院校的大力支持，在此对相关人员致以衷心的感谢。

由于编者水平有限，书中错误之处在所难免，敬请读者批评指正。

编　者

目　录

前言
任务 1　钳工基础知识认知 ………… **1**
1.1　学习任务要求 ………… 1
1.1.1　知识目标 ………… 1
1.1.2　素质目标 ………… 1
1.1.3　能力目标 ………… 1
1.2　工作页 ………… 1
1.2.1　工作任务情景描述 ………… 1
1.2.2　工作流程与学习活动 ………… 2
学习活动 1　接受工作任务、制订工作计划 ………… 2
学习活动 2　参观钳工工作场地、牢记安全操作规程 ………… 5
学习活动 3　观看钳工工作资料视频、进行专业认知 ………… 7
学习活动 4　抄写钳工工作场地常用设备及工作环境安全标识 ………… 9
学习活动 5　台虎钳的安装和维护 ………… 10
学习活动 6　写出钳工工作场地 6S 的基本要求 ………… 12
学习活动 7　作品展示、任务验收、交付使用 ………… 14
学习活动 8　工作总结与评价 ………… 16
1.3　学习任务应知应会考核 ………… 17
任务 2　钳工常用工具使用 ………… **19**
2.1　学习任务要求 ………… 19
2.1.1　知识目标 ………… 19
2.1.2　素质目标 ………… 19
2.1.3　能力目标 ………… 19
2.2　工作页 ………… 19
2.2.1　工作任务情景描述 ………… 19
2.2.2　工作流程与学习活动 ………… 19
学习活动 1　接受工作任务、制订工作计划 ………… 20
学习活动 2　认识钳工常用手动工具的种类、使用方法及注意事项 ………… 22
学习活动 3　认识钳工常用电动工具的种类、使用方法及注意事项 ………… 29
学习活动 4　作品展示、任务验收、交付使用 ………… 33
学习活动 5　工作总结与评价 ………… 34
2.3　学习任务应知应会考核 ………… 36
任务 3　钳工常用量具使用 ………… **37**
3.1　学习任务要求 ………… 37

3.1.1 知识目标 …… 37
3.1.2 素质目标 …… 37
3.1.3 能力目标 …… 37
3.2 工作页 …… 37
3.2.1 工作任务情景描述 …… 37
3.2.2 工作流程与学习活动 …… 38
学习活动 1 接受工作任务、制订工作计划 …… 38
学习活动 2 认知钳工常用量具 …… 41
学习活动 3 钳工常用量具的使用方法、注意事项和维护保养 …… 48
学习活动 4 作品展示、任务验收、交付使用 …… 55
学习活动 5 工作总结与评价 …… 56
3.3 学习任务应知应会考核 …… 57
任务 4 划线——样板及轴承座划线 …… 59
4.1 学习任务要求 …… 59
4.1.1 知识目标 …… 59
4.1.2 素质目标 …… 59
4.1.3 能力目标 …… 59
4.2 工作页 …… 59
4.2.1 工作任务情景描述 …… 59
4.2.2 工作流程与学习活动 …… 59
学习活动 1 接受工作任务、制订工作计划 …… 60
学习活动 2 认知钳工常用划线工具 …… 62
学习活动 3 钳工划线操作方法及注意事项 …… 65
学习活动 4 作品展示、任务验收、交付使用 …… 69
学习活动 5 工作总结与评价 …… 70
4.3 学习任务应知应会考核 …… 71
任务 5 锯削——L 块锯削 …… 73
5.1 学习任务要求 …… 73
5.1.1 知识目标 …… 73
5.1.2 素质目标 …… 73
5.1.3 能力目标 …… 73
5.2 工作页 …… 73
5.2.1 工作任务情景描述 …… 73
5.2.2 工作流程与学习活动 …… 74
学习活动 1 接受工作任务、制订工作计划 …… 74
学习活动 2 认知钳工锯削工具 …… 77
学习活动 3 钳工锯削操作方法及注意事项 …… 79
学习活动 4 作品展示、任务验收、交付使用 …… 84
学习活动 5 工作总结与评价 …… 86

5.3 学习任务应知应会考核 …… 87
任务 6 锉削——L 块锉削 …… 89
6.1 学习任务要求 …… 89
6.1.1 知识目标 …… 89
6.1.2 素质目标 …… 89
6.1.3 能力目标 …… 89
6.2 工作页 …… 89
6.2.1 工作任务情景描述 …… 89
6.2.2 工作流程与学习活动 …… 90
学习活动 1 接受工作任务、制订工作计划 …… 90
学习活动 2 认知钳工锉削工具 …… 93
学习活动 3 钳工锉削操作方法及注意事项 …… 97
学习活动 4 作品展示、任务验收、交付使用 …… 105
学习活动 5 工作总结与评价 …… 106
6.3 学习任务应知应会考核 …… 108
任务 7 孔与螺纹加工——U 形板制作 …… 109
7.1 学习任务要求 …… 109
7.1.1 知识目标 …… 109
7.1.2 素质目标 …… 109
7.1.3 能力目标 …… 109
7.2 工作页 …… 109
7.2.1 工作任务情景描述 …… 109
7.2.2 工作流程与学习活动 …… 110
学习活动 1 接受工作任务、制订工作计划 …… 111
学习活动 2 孔与螺纹加工的认知 …… 114
学习活动 3 孔与螺纹加工的操作方法及注意事项 …… 124
学习活动 4 作品展示、任务验收、交付使用 …… 134
学习活动 5 工作总结与评价 …… 135
7.3 学习任务应知应会考核 …… 137
任务 8 刮削——平板制作 …… 138
8.1 学习任务要求 …… 138
8.1.1 知识目标 …… 138
8.1.2 素质目标 …… 138
8.1.3 能力目标 …… 138
8.2 工作页 …… 138
8.2.1 工作任务情景描述 …… 138
8.2.2 工作流程与学习活动 …… 139
学习活动 1 接受工作任务，明确工作要求 …… 139
学习活动 2 确定加工方法和步骤 …… 143

学习活动 3　刮削、检测平板 …… 144
学习活动 4　作品展示、任务验收、交付使用 …… 151
学习活动 5　工作总结与评价 …… 153
8.3　学习任务应知应会考核 …… 155
任务 9　研磨——直角尺制作 …… 156
9.1　学习任务要求 …… 156
9.1.1　知识目标 …… 156
9.1.2　素质目标 …… 156
9.1.3　能力目标 …… 156
9.2　工作页 …… 156
9.2.1　工作任务情景描述 …… 156
9.2.2　工作流程与学习活动 …… 157
学习活动 1　接受工作任务、制订工作计划 …… 158
学习活动 2　抄画直角尺图样、制订加工工艺 …… 160
学习活动 3　直角尺的钳工加工 …… 162
学习活动 4　研具和磨料的选择 …… 164
学习活动 5　直角尺的研磨 …… 165
学习活动 6　直角尺的精度检测 …… 167
学习活动 7　作品展示、任务验收、交付使用 …… 168
学习活动 8　工作总结与评价 …… 170
9.3　学习任务应知应会考核 …… 172
任务 10　钳工综合技能训练 …… 173
学习任务 1　錾口锤子的制作 …… 173
学习任务 2　凹凸块锉削 …… 176
学习任务 3　角度凸台配合 …… 182
参考文献 …… 187

任务 1　钳工基础知识认知

1.1　学习任务要求

1.1.1　知识目标

1. 明确钳工工作的意义、性质和任务。
2. 了解钳工常用设备及场地布置。
3. 了解台虎钳的结构。
4. 掌握台虎钳的安装、使用和维护方法。
5. 掌握钳工工作场地 6S 的含义。

1.1.2　素质目标

1. 遵守现场操作的职业规范，具备安全、整洁、规范实施工作任务的能力。
2. 具有良好的职业道德、职业责任感和不断学习的精神。
3. 具有不断开拓创新的意识。
4. 具有团队交流和协作能力。

1.1.3　能力目标

1. 感知钳工的工作现场和工作过程，说出钳工工作场地的设备，与工作人员沟通并了解设备的名称和功能。

2. 能认识工作环境的安全标识，通过安全教育考试，能树立严格遵守安全规章制度和规范穿戴劳动保护用品的意识。

3. 能认知钳工工作特点和主要工作任务。

4. 会对台虎钳进行拆装、使用和保养。

5. 能按照企业工作制度请操作人员验收，交付使用，并填写调试记录。

6. 能按 6S 要求整理场地、归置物品，并按照环保规定处置废油液等废弃物。

7. 能写出完成此项任务的工作小结。

1.2　工作页

1.2.1　工作任务情景描述

如图 1-1 所示，学生通过现场参观钳工工作场地环境、设备管理要求及工作环境的安全标识，感知钳工工作过程，穿戴符合安全规范的服装，在老师的指导下，完成台虎钳的拆装和保养，能说出台虎钳的结构，为后续钳工操作打下基础。

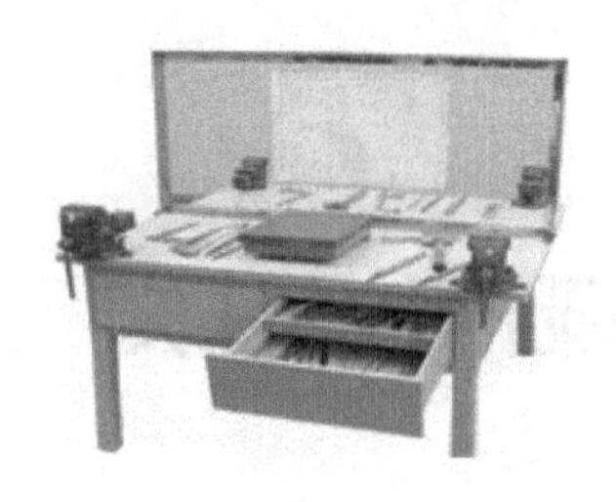

图 1-1 钳工工作台

1.2.2 工作流程与学习活动

小组成员在接到任务后，到现场与操作人员沟通，认真观察钳工工作场地，查阅场地环境、设备管理要求及工作环境的安全标识相关资料后，进行小组任务分工安排，制订工作流程和步骤，做好准备工作。在工作过程中，认真记录和抄写钳工工作场地的常用设备及工作环境的安全标识等。在工作过程中严格遵守安全操作规程，按照现场管理规范清理场地、归置物品，并按照环保规定处置废油液等废弃物。工作完成后，请指导教师验收。最后，撰写工作小结，小组成员进行经验交流。

学习活动 1 接受工作任务、制订工作计划

学习活动 2 参观钳工工作场地、牢记安全操作规程

学习活动 3 观看钳工工作资料视频、进行专业认知

学习活动 4 抄写钳工工作场地常用设备及工作环境安全标识

学习活动 5 台虎钳的安装和维护

学习活动 6 写出钳工工作场地 6S 的基本要求

学习活动 7 作品展示、任务验收、交付使用

学习活动 8 工作总结与评价

学习活动 1 接受工作任务、制订工作计划

学习目标

1. 能识读生产派工单，接受工作任务，明确任务要求。

2 感知钳工的工作现场和工作过程，说出钳工场地的设备，与工作人员沟通并认识设备的名称和功能。

3. 能认识工作环境的安全标识，通过安全教育考试，能树立严格遵守安全规章制度和规范穿戴劳动保护用品的意识。

4. 能认知钳工工作特点和主要工作任务。

5. 会对台虎钳进行拆装、使用和保养。

6. 能制订抄写钳工工作场地常用设备、工作环境的相关要求和安全标识的工作计划。

学习过程

1. 仔细阅读下面的生产派工单，按照生产派工单提供的基本信息，查阅相关资料，明确工作任务的内容和要求。随着学习活动的展开，逐项填写生产派工单中的空白项目内容，完成学习任务。

生产派工单

单号：　　　　开单部门：　　　　开单人：

开单时间：　年　月　日　时　分　　　　接单人：　部　小组

（签名）

以下由开单人填写				
产品名称		完成工时		工时
产品技术要求				
以下由接单人和确认方填写				
领取材料（含消耗品）		成本核算	金额合计： 仓管员（签名） 年　月　日	
领用工具				
操作者检测		（签名） 年　月　日		
班组检测		（签名） 年　月　日		
质检员检测		（签名） 年　月　日		
生产数量统计	合格			
	不良			
	返修			
	报废			

统计：　　　　审核：　　　　批准：

2. 根据任务要求，对现有小组成员进行合理分工，并填写分工表。

序号	组员姓名	组员任务分工	备注

3. 查阅资料，小组讨论并制订抄写钳工工作场地常用设备、工作环境的相关要求和安全标识的工作计划。

序号	工作内容	完成时间	工作要求	备注
1	接受生产派工单		认真识读生产派工单，明确任务要求	

评价与分析

活动过程评价自评表

班级		姓名		学号		日期	年 月 日		
评价指标	评价要素				权重	等级评定			
						A	B	C	D
信息检索	能够有效利用网络资源、工作手册查找有效信息				5%				
	能够用自己的语言有条理地去解释、表述所学知识				5%				
	能够将查找到的信息有效转换到工作中				5%				
感知工作	能够熟悉工作岗位，认同工作价值				5%				
	在工作中能够获得满足感				5%				
参与状态	与教师、同学之间能够相互尊重、理解、平等对待				5%				
	与教师、同学之间能够保持多向、丰富、适宜的信息交流				5%				
	探究学习，自主学习不流于形式，能够处理好合作学习和独立思考的关系，做到有效学习				5%				
	能够提出有意义的问题或能够发表个人见解；能够按要求正确操作；能够倾听、协作、分享				5%				
	积极参与，在产品加工过程中不断学习，综合运用信息技术的能力提高很大				5%				
学习方法	工作计划、操作技能符合规范要求				5%				
	能够获得进一步发展的能力				5%				
工作过程	遵守管理规程，操作过程符合现场管理要求				5%				
	平时上课的出勤情况和每天完成工作任务情况				5%				
	善于多角度思考问题，能够主动发现、提出有价值的问题				5%				
思维状态	能够发现问题、提出问题、分析问题、解决问题				5%				

（续）

班级		姓名		学号		日期	年　月　日		
评价指标	评价要素				权重	等级评定			
						A	B	C	D
自评反馈	按时按质完成工作任务				5%				
	较好地掌握专业知识点				5%				
	具有较强的信息分析能力和理解能力				5%				
	具有较为全面严谨的思维能力并能够条理明晰地表述成文				5%				
自评等级									
有益的经验和做法									
总结反思建议									

等级评定：A：好；B：较好；C：一般；D：有待提高。

学习活动2　参观钳工工作场地、牢记安全操作规程

学习目标

1. 感知钳工的工作现场和工作过程，说出钳工工作场地的设备，与工作人员沟通并了解钳工常用设备的名称和功能。

2. 通过安全教育考试，能树立严格遵守安全规章制度和规范穿戴劳动保护用品的意识。

3. 根据任务要求，抄写钳工实训场地安全操作规程及制度要求。

4. 能够参照有关书籍及上网查阅钳工实训场地安全操作规程及制度的相关资料。

学习过程

我们已经参观和学习了钳工的工作现场和工作过程，请您结合所学知识完成以下任务。

（1）查阅资料，根据钳工的工作现场要求，抄写钳工实训场地安全操作规程。

1）钳工实训场地安全操作规程。

____

____

____

____

____

2）台式钻床安全操作规程。

____

____

____

____

____

（2）查阅资料，根据钳工的工作现场要求，抄写钳工实训教室制度要求。

1）钳工实训教室管理制度。

____

____

____

____

____

2）钳工实训教室设备保养制度。

____

____

____

____

____

____

教师签名：________

学习活动过程评价表

<table>
<tr><td>班级</td><td></td><td>姓名</td><td></td><td>学号</td><td></td><td>日期</td><td colspan="2">年 月 日</td></tr>
<tr><td colspan="5">评价内容（满分 100 分）</td><td>学生自评</td><td>同学互评</td><td>教师评价</td><td>总评</td></tr>
<tr><td rowspan="4">专业技能
（60 分）</td><td colspan="4">工作页完成进度（30 分）</td><td></td><td></td><td></td><td rowspan="9">A（86~100）
B（76~85）
C（60~75）
D（60 以下）</td></tr>
<tr><td colspan="4">对理论知识的掌握程度（10 分）</td><td></td><td></td><td></td></tr>
<tr><td colspan="4">理论知识的应用能力（10 分）</td><td></td><td></td><td></td></tr>
<tr><td colspan="4">改进能力（10 分）</td><td></td><td></td><td></td></tr>
<tr><td rowspan="4">综合素养
（40 分）</td><td colspan="4">遵守现场操作的职业规范（10 分）</td><td></td><td></td><td></td></tr>
<tr><td colspan="4">信息获取的途径（10 分）</td><td></td><td></td><td></td></tr>
<tr><td colspan="4">按时完成学习和工作任务（10 分）</td><td></td><td></td><td></td></tr>
<tr><td colspan="4">团队合作精神（10 分）</td><td></td><td></td><td></td></tr>
<tr><td colspan="5">总分</td><td></td><td></td><td></td></tr>
<tr><td colspan="5">综合得分
（学生自评占 10%、同学互评占 10%、教师评价占 80%）</td><td colspan="4"></td></tr>
<tr><td colspan="2">小结建议</td><td colspan="7"></td></tr>
</table>

现场测试考核评价表

班级		姓名		学号		日期	年　月　日
序号	评价要点				配分	得分	总评
1	能正确识读并填写生产派工单，明确工作任务				10		A（86~100） B（76~85） C（60~75） D（60 以下）
2	能查阅资料，熟悉钳工工作场地设备				10		
3	能根据工作要求，对小组成员进行合理分工				10		
4	能列出并正确抄写钳工实训场地相关安全操作规程				10		
5	能列出并正确抄写钳工实训场地相关制度				10		
6	会制订工作计划				20		
7	能遵守劳动纪律，以积极的态度接受工作任务				10		
8	能积极参与小组讨论，团队间相互合作				10		
9	能及时完成老师布置的任务				10		
总分					100		
小结建议							

学习活动 3　观看钳工工作资料视频、进行专业认知

学习目标

1. 观看钳工工作资料视频，能认知钳工工作特点和主要工作任务。
2. 能够根据任务要求，分类写出钳工的主要工作内容。
3. 能参照有关书籍及上网查阅钳工工作特点和主要工作任务的相关资料。

学习过程

我们已经观看了钳工工作资料视频，请您结合所学知识完成以下任务。

（1）根据所学知识，写出钳工的工作特点。

____

____

____

____

（2）根据所学知识，分类写出钳工的主要工作内容。

1）装配钳工主要工作内容。

____

____

____

____

2）机修钳工主要工作内容。

____

____

____

____

3）工具钳工主要工作内容。

____

____

____

____

教师签名：________

学习活动过程评价表

<table>
<tr><td>班级</td><td></td><td>姓名</td><td></td><td>学号</td><td></td><td>日期</td><td colspan="2">年　月　日</td></tr>
<tr><td colspan="5">评价内容（满分 100 分）</td><td>学生自评</td><td>同学互评</td><td>教师评价</td><td>总评</td></tr>
<tr><td rowspan="4">专业技能
（60 分）</td><td colspan="4">工作页完成进度（30 分）</td><td></td><td></td><td></td><td rowspan="9">A（86~100）
B（76~85）
C（60~75）
D（60 以下）</td></tr>
<tr><td colspan="4">对理论知识的掌握程度（10 分）</td><td></td><td></td><td></td></tr>
<tr><td colspan="4">理论知识的应用能力（10 分）</td><td></td><td></td><td></td></tr>
<tr><td colspan="4">改进能力（10 分）</td><td></td><td></td><td></td></tr>
<tr><td rowspan="4">综合素养
（40 分）</td><td colspan="4">遵守现场操作的职业规范（10 分）</td><td></td><td></td><td></td></tr>
<tr><td colspan="4">信息获取的途径（10 分）</td><td></td><td></td><td></td></tr>
<tr><td colspan="4">按时完成学习和工作任务（10 分）</td><td></td><td></td><td></td></tr>
<tr><td colspan="4">团队合作精神（10 分）</td><td></td><td></td><td></td></tr>
<tr><td colspan="5">总分</td><td></td><td></td><td></td></tr>
<tr><td colspan="5">综合得分
（学生自评占 10%、同学互评占 10%、教师评价占 80%）</td><td colspan="4"></td></tr>
<tr><td colspan="2">小结建议</td><td colspan="7"></td></tr>
</table>

现场测试考核评价表

班级		姓名		学号		日期	年　月　日
序号	评价要点				配分	得分	总评
1	能正确识读并填写生产派工单，明确工作任务				10		A（86~100） B（76~85） C（60~75） D（60以下）
2	能查阅资料，按要求熟悉钳工工作场地				10		
3	能根据工作要求，对小组成员进行合理分工				10		
4	能正确抄写钳工工作特点				10		
5	能列出并正确抄写钳工工作内容				10		
6	会制订工作计划				20		
7	能遵守劳动纪律，以积极的态度接受工作任务				10		
8	能积极参与小组讨论，团队间相互合作				10		
9	能及时完成老师布置的任务				10		
总分					100		
小结建议							

学习活动4　抄写钳工工作场地常用设备及工作环境安全标识

学习目标

1. 能认识钳工工作场地常用设备及工作环境安全标识。
2. 能够根据任务要求，抄写钳工实训教室常用设备及工作环境安全标识。
3. 能参照有关书籍及上网查阅钳工工作场地常用设备及环境安全标识的相关资料。

学习过程

我们已经参观了钳工工作场地及工作环境，请您结合所学知识完成以下任务。

（1）根据所学知识，写出钳工工作场地常用的设备。

____

____

____

（2）根据所学知识，写出钳工实训教室环境安全标识。

____

____

____

____

教师签名：________

学习活动过程评价表

班级		姓名		学号		日期	年 月 日
评价内容（满分 100 分）				学生自评	同学互评	教师评价	总评
专业技能（60 分）	工作页完成进度（30 分）						A（86~100） B（76~85） C（60~75） D（60 以下）
	对理论知识的掌握程度（10 分）						
	理论知识的应用能力（10 分）						
	改进能力（10 分）						
综合素养（40 分）	遵守现场操作的职业规范（10 分）						
	信息获取的途径（10 分）						
	按时完成学习和工作任务（10 分）						
	团队合作精神（10 分）						
总分							
综合得分 （学生自评占 10%、同学互评占 10%、教师评价占 80%）							
小结建议							

现场测试考核评价表

班级		姓名		学号		日期	年 月 日
序号	评价要点				配分	得分	总评
1	能正确识读并填写生产派工单，明确工作任务				10		A（86~100） B（76~85） C（60~75） D（60 以下）
2	能查阅资料，按要求熟悉钳工工作场地				10		
3	能根据工作要求，对小组成员进行合理分工				10		
4	能列出并正确抄写钳工工作环境安全标识				10		
5	能列出钳工工作场地常用设备				10		
6	会制订工作计划				20		
7	能遵守劳动纪律，以积极的态度接受工作任务				10		
8	能积极参与小组讨论，团队间相互合作				10		
9	能及时完成老师布置的任务				10		
总分					100		
小结建议							

学习活动 5　台虎钳的安装和维护

1. 能认识台虎钳的结构及组成部分。
2. 能够根据任务要求，对台虎钳进行安装和维护。
3. 能参照有关书籍及上网查阅台虎钳安装和维护的相关资料。

对台虎钳进行拆装和维护，并结合所学知识完成以下任务。

（1）根据所学知识，写出图 1-2 所示台虎钳的结构及组成部分。

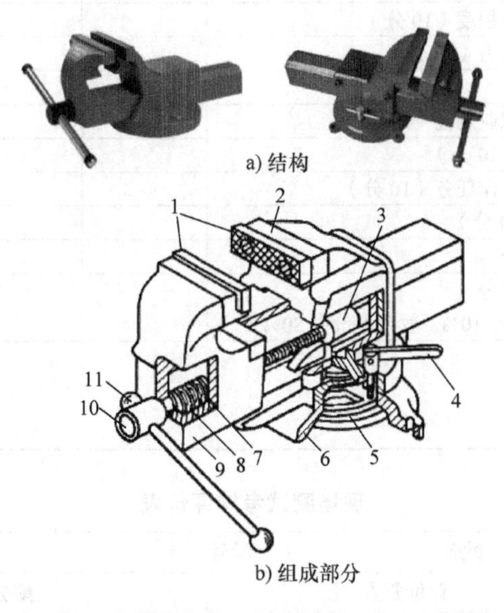

a) 结构

b) 组成部分

图 1-2　台虎钳

1）台虎钳的结构：

____

____

____

2）台虎钳组成部分：

____

____

____

（2）根据所学知识，写出台虎钳的维护保养要求。

____

____

____

____

____

____

____

教师签名：______

学习活动过程评价表

班级		姓名		学号		日期		年　月　日
评价内容（满分 100 分）					学生自评	同学互评	教师评价	总评
专业技能（60 分）	工作页完成进度（30 分）							A（86~100） B（76~85） C（60~75） D（60 以下）
	对理论知识的掌握程度（10 分）							
	理论知识的应用能力（10 分）							
	改进能力（10 分）							
综合素养（40 分）	遵守现场操作的职业规范（10 分）							
	信息获取的途径（10 分）							
	按时完成学习和工作任务（10 分）							
	团队合作精神（10 分）							
总分								
综合得分 （学生自评占 10%、同学互评占 10%、教师评价占 80%）								
小结建议								

现场测试考核评价表

班级		姓名		学号		日期	年　月　日
序号	评价要点				配分	得分	总评
1	能正确识读并填写生产派工单，明确工作任务				10		A（86~100） B（76~85） C（60~75） D（60 以下）
2	能查阅资料，按照要求完成钳工工作场地的参观				10		
3	能根据工作要求，对小组成员进行合理分工				10		
4	能正确写出台虎钳的结构及组成部分				10		
5	能正确写出台虎钳的维护保养要求				10		
6	会制订工作计划				20		
7	能遵守劳动纪律，以积极的态度接受工作任务				10		
8	能积极参与小组讨论，团队间相互合作				10		
9	能及时完成老师布置的任务				10		
总分					100		
小结建议							

学习活动 6　写出钳工工作场地 6S 的基本要求

1. 能认识钳工工作场地 6S 的基本要求。
2. 能够根据任务要求，写出钳工工作场地 6S 标识内容。
3. 能参照有关书籍及上网查阅钳工工作场地 6S 标识的相关资料。

学习过程

我们已经参观了钳工工作场地及环境，请您结合所学知识完成以下任务。

请查阅资料，并根据所学知识，写出钳工工作场地 6S 标识内容。

整理

____

____

整顿

____

____

清扫

____

____

清洁

____

____

素养

____

____

安全

____

____

教师签名：________

学习活动过程评价表

<table>
<tr><td>班级</td><td></td><td>姓名</td><td></td><td>学号</td><td></td><td>日期</td><td>年　月　日</td></tr>
<tr><td colspan="4">评价内容（满分 100 分）</td><td>学生自评</td><td>同学互评</td><td>教师评价</td><td>总评</td></tr>
<tr><td rowspan="4">专业技能
（60 分）</td><td colspan="3">工作页完成进度（30 分）</td><td></td><td></td><td></td><td rowspan="9">A（86~100）
B（76~85）
C（60~75）
D（60 以下）</td></tr>
<tr><td colspan="3">对理论知识的掌握程度（10 分）</td><td></td><td></td><td></td></tr>
<tr><td colspan="3">理论知识的应用能力（10 分）</td><td></td><td></td><td></td></tr>
<tr><td colspan="3">改进能力（10 分）</td><td></td><td></td><td></td></tr>
<tr><td rowspan="4">综合素养
（40 分）</td><td colspan="3">遵守现场操作的职业规范（10 分）</td><td></td><td></td><td></td></tr>
<tr><td colspan="3">信息获取的途径（10 分）</td><td></td><td></td><td></td></tr>
<tr><td colspan="3">按时完成学习和工作任务（10 分）</td><td></td><td></td><td></td></tr>
<tr><td colspan="3">团队合作精神（10 分）</td><td></td><td></td><td></td></tr>
<tr><td colspan="4">总分</td><td></td><td></td><td></td></tr>
<tr><td colspan="4">综合得分
（学生自评占 10%、同学互评占 10%、教师评价占 80%）</td><td colspan="4"></td></tr>
<tr><td colspan="2">小结建议</td><td colspan="6"></td></tr>
</table>

现场测试考核评价表

<table>
<tr><td>班级</td><td></td><td>姓名</td><td></td><td>学号</td><td colspan="2"></td><td>日期</td><td>年 月 日</td></tr>
<tr><td>序号</td><td colspan="5">评价要点</td><td>配分</td><td>得分</td><td>总评</td></tr>
<tr><td>1</td><td colspan="5">能正确识读并填写生产派工单，明确工作任务</td><td>10</td><td></td><td rowspan="10">A（86~100）
B（76~85）
C（60~75）
D（60 以下）</td></tr>
<tr><td>2</td><td colspan="5">能查阅资料，按要求熟悉钳工工作场地</td><td>10</td><td></td></tr>
<tr><td>3</td><td colspan="5">能根据工作要求，对小组成员进行合理分工</td><td>10</td><td></td></tr>
<tr><td>4</td><td colspan="5">能列出并正确抄写钳工工作场地 6S 标识内容</td><td>10</td><td></td></tr>
<tr><td>5</td><td colspan="5">会制订工作计划</td><td>10</td><td></td></tr>
<tr><td>6</td><td colspan="5">能遵守劳动纪律，以积极的态度接受工作任务</td><td>20</td><td></td></tr>
<tr><td>7</td><td colspan="5">能积极参与小组讨论，团队间相互合作</td><td>10</td><td></td></tr>
<tr><td>8</td><td colspan="5">能及时完成老师布置的任务</td><td>10</td><td></td></tr>
<tr><td>9</td><td colspan="5">能正确识读并填写生产派工单，明确工作任务</td><td>10</td><td></td></tr>
<tr><td colspan="6">总分</td><td>100</td><td></td></tr>
<tr><td colspan="2">小结建议</td><td colspan="7"></td></tr>
</table>

学习活动 7 作品展示、任务验收、交付使用

学习目标

1. 能完成工作任务验收单的填写，明确验收要求。
2. 能按照企业工作制度请工作人员验收，交付使用。
3. 能按照企业要求进行 6S 管理。

学习过程

1. 根据任务要求，熟悉工作任务验收单格式，并完成验收单的填写工作。

工作任务验收单

任务名称	
任务实施单位	
任务时间节点	
验收日期	
验收项目及要求	
验收人	

2. 验收结束后，按照企业 6S 管理要求，整理现场，并完成下列表格的填写。

序号	名称	自我评价	做得较好的方面	做得不满意的方面	改进措施
1	整理				
2	整顿				
3	清扫				
4	清洁				
5	素养				
6	安全				

学习活动过程评价表

班级		姓名		学号		日期	年　月　日
评价内容（满分 100 分）					学生自评	同学互评	教师评价	总评
专业技能（60 分）	工作页完成进度（30 分）							A（86~100） B（76~85） C（60~75） D（60 以下）
	对理论知识的掌握程度（10 分）							
	理论知识的应用能力（10 分）							
	改进能力（10 分）							
综合素养（40 分）	遵守现场操作的职业规范（10 分）							
	信息获取的途径（10 分）							
	按时完成学习和工作任务（10 分）							
	团队合作精神（10 分）							
总分								
综合得分（学生自评占 10%、同学互评占 10%、教师评价占 80%）								
小结建议								

现场测试考核评价表

班级		姓名		学号		日期	年　月　日
序号	评价要点				配分	得分	总评
1	能正确填写工作任务验收单				15		A（86~100） B（76~85） C（60~75） D（60 以下）
2	能说出工作任务验收的要求				15		
3	能对安装的台虎钳进行性能测试				15		
4	能对台虎钳进行调试				15		
5	能按企业工作制度请操作人员验收，并交付使用				10		
6	能按照 6S 管理要求清理场地				10		
7	能遵守劳动纪律，以积极的态度接受工作任务				5		
8	能积极参与小组讨论，团队间相互合作				10		
9	能及时完成老师布置的任务				5		
总分					100		
小结建议							

学习活动 8 工作总结与评价

学习目标

1. 能按分组情况，分别派代表展示工作成果，说明本次任务的完成情况，并作分析总结。
2. 能结合自身任务完成情况，正确规范撰写工作总结(心得体会)。
3. 能就本次任务中出现的问题，提出改进措施。
4. 能对学习与工作进行反思总结，并能与他人开展良好合作，进行有效的沟通。

学习过程

1. 展示评价（个人、小组评价）

每个人先在组内进行经验交流与成果展示，再由小组推荐代表作必要的介绍。在交流的过程中，以组为单位进行评价。评价完成后，根据其他组成员对本组项目的评价意见进行归纳总结。完成如下项目：

1）交流的结论是否符合生产实际？

符合□　　基本符合□　　不符合□

2）与其他组相比，本小组设计的工艺如何？

工艺优化□　　工艺合理□　　工艺一般□

3）本小组介绍经验时表达是否清晰？

很好□　　一般，常补充□　　不清楚□

4）本小组演示时，是否符合操作规程？

正确□　　部分正确□　　不正确□

5）本小组演示操作时遵循了 6S 的工作要求吗？

符合工作要求□　　忽略了部分要求□　　完全没有遵循□

6）本小组的成员团队创新精神如何？

良好□　　一般□　　不足□

2. 自评总结（心得体会）

____

____

____

____

____

____

____

____

3. 教师评价

1）找出各组的优点进行点评。

2）对展示过程中各组的缺点进行点评，提出改进方法。

3）对整个任务完成中出现的亮点和不足进行点评。

总体评价表

班级：　　　　　　　　　姓名：　　　　　　　　　学号：

项目	自我评价			小组评价			教师评价		
	10~9	8~6	5~1	10~9	8~6	5~1	10~9	8~6	5~1
	占总评 10%			占总评 30%			占总评 60%		
学习活动 1									
学习活动 2									
学习活动 3									
学习活动 4									
学习活动 5									
学习活动 6									
学习活动 7									
协作精神									
纪律观念									
表达能力									
工作态度									
安全意识									
任务总体表现									
小计									
总评									

1.3　学习任务应知应会考核

1. 填空题

（1）台虎钳按其结构分成________和________两种。

（2）工具一般都放在台虎钳的________，摆放时；工具的________均不得超出钳工工作台台面，以免被碰落后伤人或损坏工具；工具均________摆放，并留有一定间隙。

（3）量具一般放在台虎钳的________，工作时量具均在量具盒上，量具数量较多时，可放在台虎钳的________。

（4）常见的钻床有________、________和________等。

2. 简答题

1）钳工在机械生产过程中的主要任务是什么？

2）《中华人民共和国职业分类大典》把钳工划分为哪三类？各自的工作任务是什么？

3）如何正确使用台虎钳？

4）如何正确使用砂轮机？

3. 技能题

1）台虎钳操作与保养练习。

2）砂轮机操作与磨削练习。

3）台式钻床操作练习。

任务 2　钳工常用工具使用

2.1　学习任务要求

2.1.1　知识目标

1. 熟悉钳工常用手动工具的种类及使用方法。
2. 熟悉钳工常用电动工具的种类及使用方法。
3. 了解常用的拆卸工具。

2.1.2　素质目标

1. 遵守现场操作的职业规范，具备安全、整洁、规范实施工作任务的能力。
2. 具有良好的职业道德、职业责任感和不断学习的精神。
3. 具有不断开拓创新的意识。
4. 具有团队交流和协作能力。

2.1.3　能力目标

1. 认知钳工加工及拆装工作中所需的常用工具。
2. 能说出钳工常用工具名称、种类、用途和使用方法。
3. 会使用手电钻。
4. 能按照企业工作制度请操作人员验收，交付使用，并填写调试记录。
5. 能按 6S 要求，整理场地，归置物品，并按照环保规定处置废弃物。
6. 能写出完成此项任务的工作小结。

2.2　工作页

2.2.1　工作任务情景描述

学生通过现场参观钳工工作场地，感知钳工工作过程，认知钳工加工工具和拆装工作中常用的工具，能说出钳工常用工具（见图 2-1）名称、种类、用途，会正确使用钳工常用的手动工具、电动工具并进行保养，工作过程严格遵守各项安全规程和注意事项，为后续钳工操作打下基础。

图 2-1　钳工常用工具

2.2.2　工作流程与学习活动

小组成员在接到任务后，到现场与操作人员沟通，认真观察钳工工作场地，查阅钳工加工和拆装工作过程中常用工具的相关资料后，进行任务分工安排，制订工作流程和步骤，做好准备工作。在工作过程中，认真记录和抄写钳工工作场地的常用工具，工作完成后，请指导教师验收。最后，撰写工作小结，小组成员进行经验交流。在工作过程中严格遵守安全操作规程，按照现场管理规范清理场地、归置物品，并按照环保规定处置废弃物。

学习活动 1 接受工作任务、制订工作计划

学习活动 2 认识钳工常用手动工具的种类、使用方法及注意事项

学习活动 3 认识钳工常用电动工具的种类、使用方法及注意事项

学习活动 4 作品展示、任务验收、交付使用

学习活动 5 工作总结与评价

学习活动 1 接受工作任务、制订工作计划

学习目标

1. 能识读生产派工单，接受工作任务，明确任务要求。
2. 查阅资料，能说出钳工常用工具的名称、种类和用途。
3. 查阅资料，会正确使用钳工常用的手动工具、电动工具并进行保养。
4. 会制订工作计划。

学习过程

1. 仔细阅读下面的生产派工单，按照生产派工单提供的基本信息，查阅相关资料，明确工作任务的内容和要求。随着学习活动的展开，逐项填写生产派工单中的空白项目内容，完成学习任务。

生产派工单

<table>
<tr><td colspan="2">单号：</td><td colspan="2">开单部门：</td><td>开单人：</td></tr>
<tr><td colspan="2">开单时间：　年　月　日　时　分</td><td colspan="3">接单人：　部　小组
（签名）</td></tr>
<tr><td colspan="5">以下由开单人填写</td></tr>
<tr><td>产品名称</td><td colspan="2"></td><td>完成工时</td><td>工时</td></tr>
<tr><td>产品技术要求</td><td colspan="4"></td></tr>
<tr><td colspan="5">以下由接单人和确认方填写</td></tr>
<tr><td>领取材料（含消耗品）</td><td colspan="2"></td><td rowspan="2">成本核算</td><td rowspan="2">金额合计：
仓管员（签名）
年　月　日</td></tr>
<tr><td>领用工具</td><td colspan="2"></td></tr>
<tr><td>操作者检测</td><td colspan="3"></td><td>（签名）
年　月　日</td></tr>
<tr><td>班组检测</td><td colspan="3"></td><td>（签名）
年　月　日</td></tr>
<tr><td>质检员检测</td><td colspan="3"></td><td>（签名）
年　月　日</td></tr>
<tr><td rowspan="4">生产数量统计</td><td>合格</td><td colspan="3"></td></tr>
<tr><td>不良</td><td colspan="3"></td></tr>
<tr><td>返修</td><td colspan="3"></td></tr>
<tr><td>报废</td><td colspan="3"></td></tr>
<tr><td colspan="2">统计：</td><td colspan="2">审核：</td><td>批准：</td></tr>
</table>

2. 根据任务要求，对现有小组成员进行合理分工，并填写分工表。

序号	组员姓名	任务分工	备注

3. 查阅资料，小组讨论并制订钳工工作场地的常用设备及工作环境相关要求和安全标识以及工作计划。

序号	工作内容	完成时间	工作要求	备注
1	接受生产派工单		认真识读生产派工单，明确任务要求	

评价与分析

活动过程评价自评表

班级		姓名		学号		日期		年 月 日	
评价指标	评价要素				权重	等级评定			
						A	B	C	D
信息检索	能够有效利用网络资源、工作手册查找有效信息				5%				
	能够用自己的语言有条理地去解释、表述所学知识				5%				
	能够将查找到的信息有效转换到工作中				5%				
感知工作	能够熟悉工作岗位，认同工作价值				5%				
	在工作中能够获得满足感				5%				
参与状态	与教师、同学之间能够相互尊重、理解、平等对待				5%				
	与教师、同学之间能够保持多向、丰富、适宜的信息交流				5%				
	探究学习，自主学习不流于形式，能够处理好合作学习和独立思考的关系，做到有效学习				5%				
	能够提出有意义的问题或能够发表个人见解；能够按要求正确操作；能够倾听、协作、分享				5%				
	积极参与，在产品加工过程中不断学习，综合运用信息技术的能力提高很大				5%				
学习方法	工作计划、操作技能符合规范要求				5%				
	能够获得进一步发展的能力				5%				
工作过程	遵守管理规程，操作过程符合现场管理要求				5%				
	平时上课的出勤情况和每天完成工作任务情况				5%				
	善于多角度思考问题，能够主动发现、提出有价值的问题				5%				
思维状态	能够发现问题、提出问题、分析问题、解决问题				5%				
自评反馈	按时按质完成工作任务				5%				
	较好地掌握专业知识点				5%				
	具有较强的信息分析能力和理解能力				5%				
	具有较为全面严谨的思维能力并能够条理明晰地表述成文				5%				
自评等级									
有益的经验和做法									
总结反思建议									

等级评定：A：好；B：较好；C：一般；D：有待提高。

学习活动 2　认识钳工常用手动工具的种类、使用方法及注意事项

学习目标

1. 能识读钳工常用手动工具并进行分类。
2. 查阅资料，能正确写出钳工常用手动工具的名称及用途。

3. 查阅资料，会正确使用和保养钳工常用手动工具。

4. 能遵守钳工常用手动工具的使用操作规程。

仔细查阅相关资料，认识钳工常用手动工具的名称及用途，随着学习活动的展开，会正确使用钳工常用手动工具，严格遵守安全操作规程，逐项填写项目内容，完成学习任务。

一、螺钉旋具

1）查阅资料，正确指出下列螺钉旋具的名称（见图 2-2）。

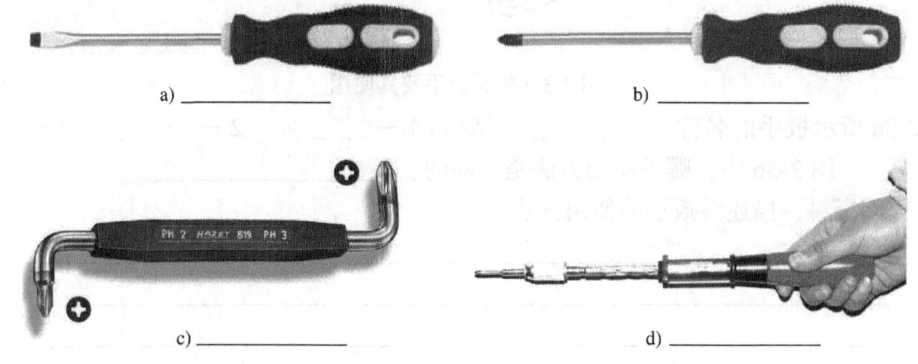

图 2-2　螺钉旋具

2）查阅资料，描述螺钉旋具的使用方法。

____

3）查阅资料，描述使用螺钉旋具时的注意事项。

____

二、扳手

1. 普通扳手（见图 2-3）

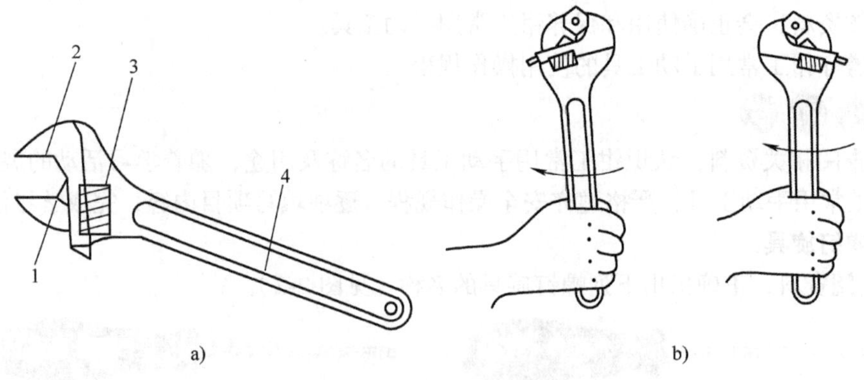

图 2-3　普通扳手及其使用

图 2-3a 所示扳手的名称：__________，结构：1—__________2—__________3—________4—________，图 2-3b 中，哪种使用方法是正确的：________________________________。

1）查阅资料，描述活扳手的使用方法。

____

____

____

____

2）查阅资料，描述使用活扳手时的注意事项。

____

____

____

____

2. 专用扳手（见图 2-4）

a)　b)　c)　d)

e)

图 2-4　专用扳手

图 2-4a 所示扳手的名称：__________，图 2-4b 所示扳手的名称：__________，图 2-4c 所示扳手的名称：________，图 2-4d 所示扳手的名称：__________，图 2-4e 所示扳手的名称：________。

1）查阅资料，描述专用扳手的使用方法。

______

______

______

______

______

2）查阅资料，描述使用专用扳手时的注意事项。

______

______

______

______

______

3. 特种扳手（见图 2-5）

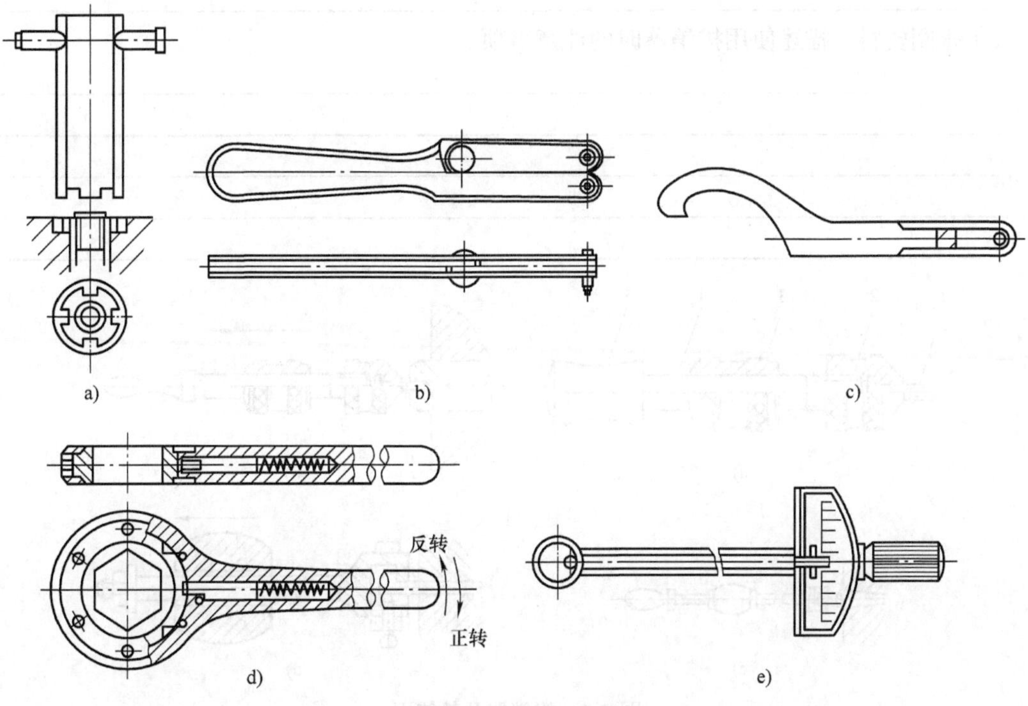

a)　b)　c)

反转

正转

d)　e)

图 2-5　特种扳手

图 2-5a 所示扳手的名称：________，图 2-5b 所示扳手的名称：________，图 2-5c 所示扳手的名称：________，图 2-5d 所示扳手的名称：________，图 2-5e 所示扳手的名称：________。

1）查阅资料，描述特种扳手的使用方法。

______

______

______

______

2）查阅资料，描述使用特种扳手时的注意事项。

____

____

____

____

____

三、拆卸工具

1. 拔销器（见图 2-6）

1）查阅资料，描述拔销器的使用方法。

____

____

____

____

____

2）查阅资料，描述使用拔销器时的注意事项。

____

____

____

____

____

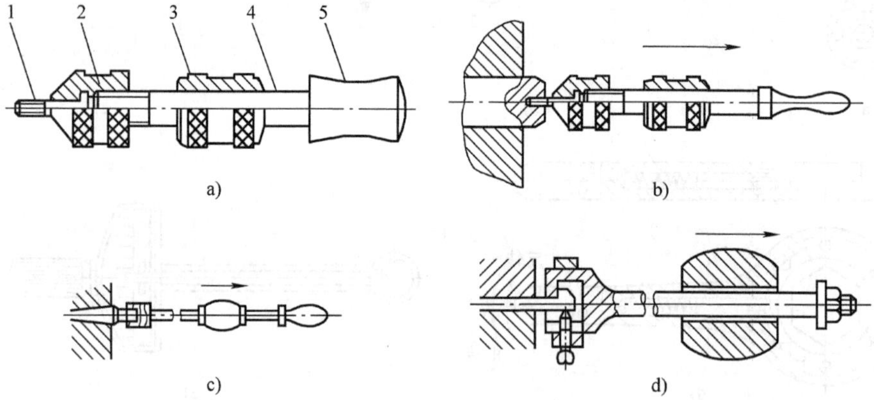

1 2 3 4 5

a) b) c) d)

图 2-6 拔销器及其使用

图 2-6a 所示工具的名称：________，结构：1—________ 2—________ 3—________ 4—________ 5—________，图 2-6b 所示工具的名称：________，图 2-6c 所示工具的名称：________，图 2-6d 所示工具的名称：________。

2. 顶拔器（见图 2-7）

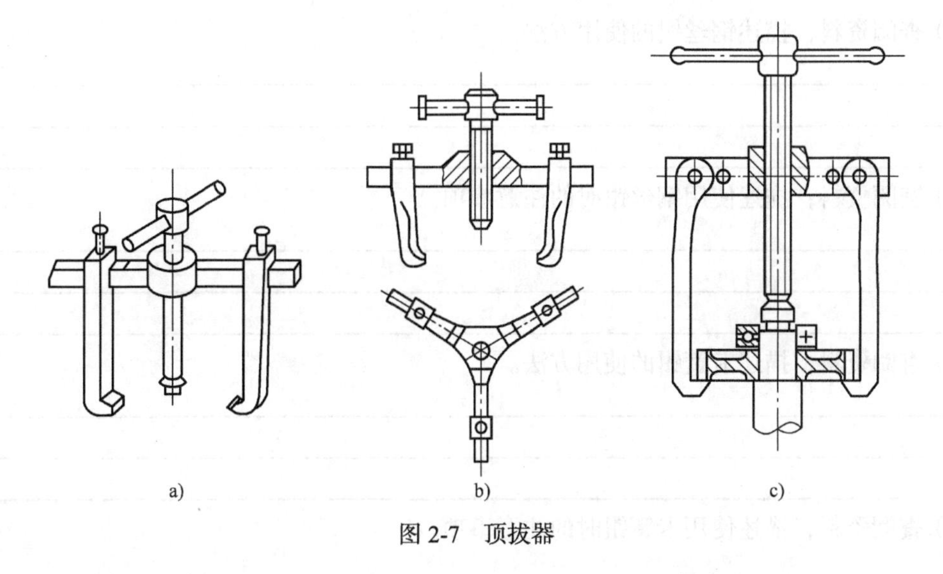

图 2-7　顶拔器

图 2-7a 所示工具的名称：__________，图 2-7b 所示工具的名称：__________，图 2-7c 所示工具的名称：________

1）查阅资料，描述顶拔器的使用方法。

____

____

____

____

2）查阅资料，描述使用顶拔器时的注意事项。

____

____

____

____

3. 钳子（见图 2-8）

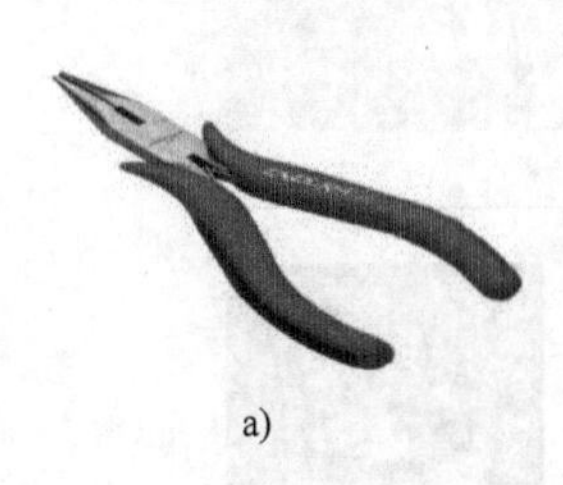

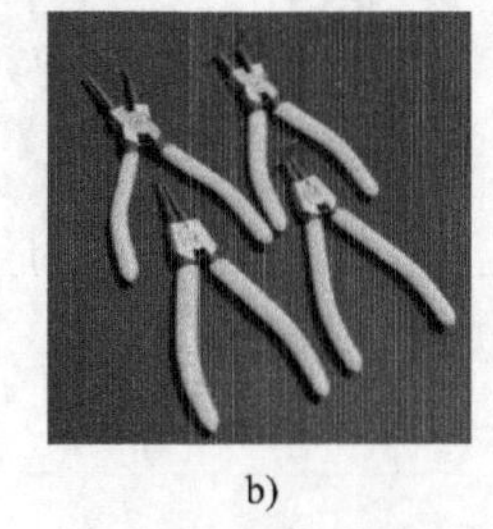

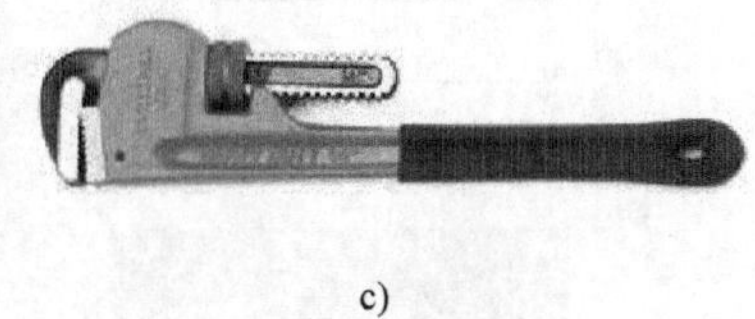

a)　b)　c)

图 2-8　钳子

图 2-8a 所示工具的名称：__________，图 2-8b 所示工具的名称：__________，图 2-8c 所示工具的名称：________。

1）查阅资料，描述钢丝钳的使用方法。

______

______

______

2）查阅资料，描述使用钢丝钳时的注意事项。

______

______

______

3）查阅资料，描述卡簧钳的使用方法。

______

______

______

4）查阅资料，描述使用卡簧钳时的注意事项。

______

______

______

5）查阅资料，描述管钳的使用方法。

______

______

______

6）查阅资料，描述使用管钳时的注意事项。

______

______

______

4. 其他拆卸工具（见图 2-9）

a) ______ b) ______ c) ______

d) ______ e) ______ f) ______

图 2-9 其他拆卸工具

学习活动过程评价表

<table>
<tr><td>班级</td><td></td><td>姓名</td><td></td><td>学号</td><td></td><td>日期</td><td colspan="2">年　月　日</td></tr>
<tr><td colspan="5">评价内容（满分 100 分）</td><td>学生自评</td><td>同学互评</td><td>教师评价</td><td>总评</td></tr>
<tr><td rowspan="4">专业技能（60 分）</td><td colspan="4">工作页完成进度（30 分）</td><td></td><td></td><td></td><td rowspan="9">A（86~100）
B（76~85）
C（60~75）
D（60 以下）</td></tr>
<tr><td colspan="4">对理论知识的掌握程度（10 分）</td><td></td><td></td><td></td></tr>
<tr><td colspan="4">理论知识的应用能力（10 分）</td><td></td><td></td><td></td></tr>
<tr><td colspan="4">改进能力（10 分）</td><td></td><td></td><td></td></tr>
<tr><td rowspan="4">综合素养（40 分）</td><td colspan="4">遵守现场操作的职业规范（10 分）</td><td></td><td></td><td></td></tr>
<tr><td colspan="4">信息获取的途径（10 分）</td><td></td><td></td><td></td></tr>
<tr><td colspan="4">按时完成学习和工作任务（10 分）</td><td></td><td></td><td></td></tr>
<tr><td colspan="4">团队合作精神（10 分）</td><td></td><td></td><td></td></tr>
<tr><td colspan="5">总分</td><td></td><td></td><td></td></tr>
<tr><td colspan="5">综合得分
（学生自评占 10%、同学互评占 10%、教师评价占 80%）</td><td colspan="4"></td></tr>
<tr><td colspan="2">小结建议</td><td colspan="7"></td></tr>
</table>

现场测试考核评价表

<table>
<tr><td>班级</td><td></td><td>姓名</td><td></td><td>学号</td><td></td><td>日期</td><td>年　月　日</td></tr>
<tr><td>序号</td><td colspan="5">评价要点</td><td>配分</td><td>得分</td><td>总评</td></tr>
<tr><td>1</td><td colspan="5">能正确填写钳工常用手动拆装工具清单</td><td>20</td><td></td><td rowspan="9">A（86~100）
B（76~85）
C（60~75）
D（60 以下）</td></tr>
<tr><td>2</td><td colspan="5">能正确填写钳工常用手动拆装工具名称</td><td>20</td><td></td></tr>
<tr><td>3</td><td colspan="5">能正确填写钳工常用手动拆装工具的用途及使用时的注意事项</td><td>20</td><td></td></tr>
<tr><td>4</td><td colspan="5">能按企业工作要求请操作人员验收，并交付使用</td><td>10</td><td></td></tr>
<tr><td>5</td><td colspan="5">能按照 6S 管理要求清理场地</td><td>10</td><td></td></tr>
<tr><td>6</td><td colspan="5">能遵守劳动纪律，以积极的态度接受工作任务</td><td>5</td><td></td></tr>
<tr><td>7</td><td colspan="5">能积极参与小组讨论，团队间相互合作</td><td>10</td><td></td></tr>
<tr><td>8</td><td colspan="5">能及时完成老师布置的任务</td><td>5</td><td></td></tr>
<tr><td colspan="6">总分</td><td>100</td><td></td></tr>
<tr><td colspan="2">小结建议</td><td colspan="7"></td></tr>
</table>

学习活动 3　认识钳工常用电动工具的种类、使用方法及注意事项

1. 能识读钳工常用电动工具并进行分类。
2. 查阅资料，写出钳工常用电动工具的名称及用途。
3. 查阅资料，会正确使用和保养钳工常用电动工具。
4. 能遵守钳工常用电动工具的使用操作规程。

仔细查阅相关资料，认识钳工常用电动工具的名称及用途，随着学习活动的展开，掌握各种电动工具的使用方法和注意事项，逐项填写项目内容，完成学习任务。

一、电动工具

1. 手电钻（见图 2-10）

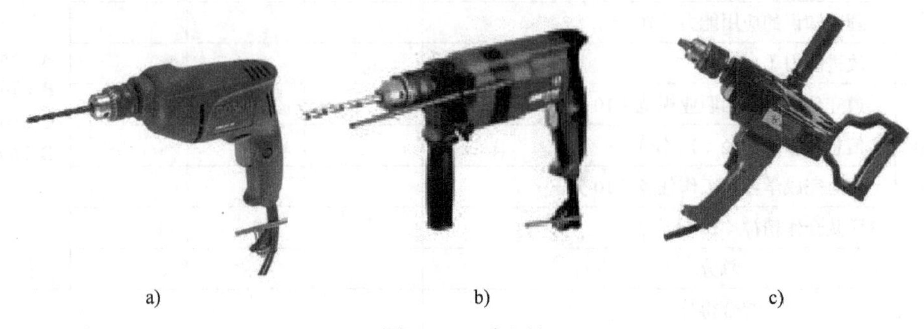

a) b) c)

图 2-10 手电钻

图 2-10a 所示工具的名称：__________，图 2-10b 所示工具的名称：__________，图 2-10c 所示工具的名称：________

1）查阅资料，描述手电钻的使用方法。

____

____

____

____

2）查阅资料，描述使用手电钻时的注意事项。

____

____

____

____

2. 手提砂轮机（见图 2-11）

图 2-11 手提砂轮机

1）查阅资料，描述手提砂轮机的使用方法。

____

____

____

2）查阅资料，描述使用手提砂轮机时的注意事项。

____

____

____

____

3. 电磨头（见图 2-12）

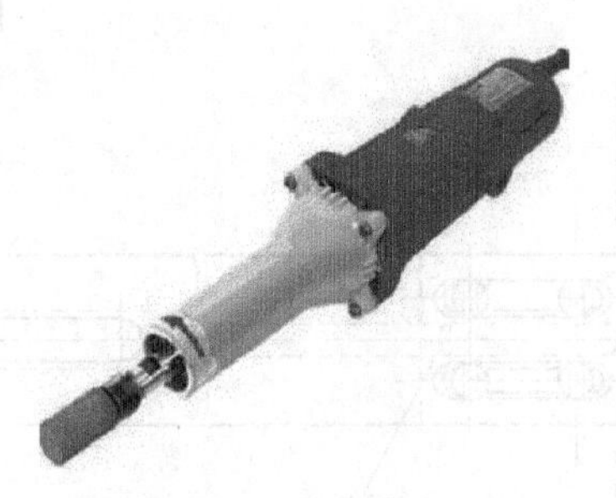

图 2-12　电磨头

1）查阅资料，描述电磨头的使用方法。

____

____

____

____

2）查阅资料，描述使用电磨头时的注意事项。

____

____

____

二、其他检具

1. 垫铁（见图 2-13）

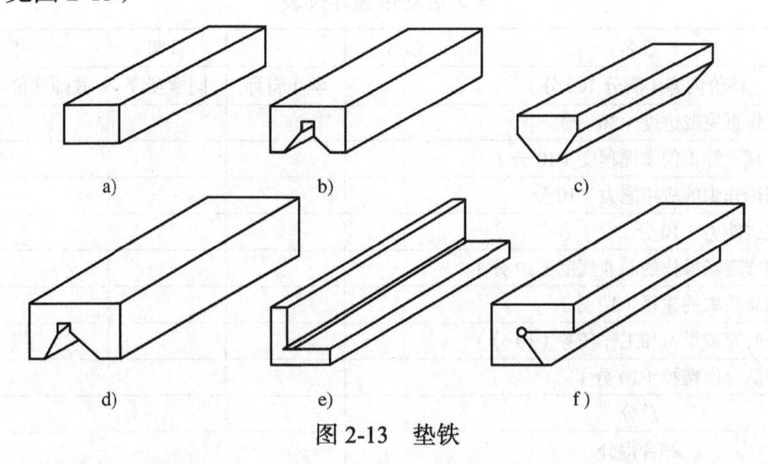

图 2-13　垫铁

图 2-13a 所示工具的名称：________，图 2-13b 所示工具的名称：________，图 2-13c 所示工具的名称：________，图 2-13d 所示工具的名称：________，图 2-13e 所示工具的名称：________，图 2-13f 所示工具的名称：________。

2. 检验桥板（见图 2-14）

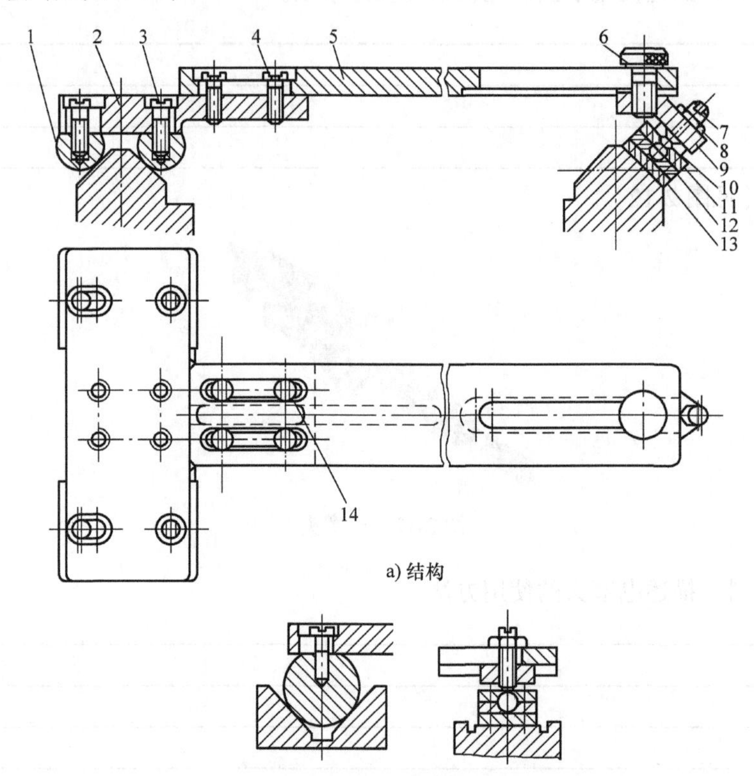

a) 结构

b) 检验方法

图 2-14 检验桥板

结构：1—________ 2—________ 3—________ 4—______ 5—__________

6—________ 7—________ 8—______ 9—________ 10—__________

11—________ 12—________ 13—________ 14—__________

学习活动过程评价表

<table>
<tr><td>班级</td><td></td><td>姓名</td><td></td><td>学号</td><td></td><td>日期</td><td colspan="2">年 月 日</td></tr>
<tr><td colspan="5">评价内容（满分 100 分）</td><td>学生自评</td><td>同学互评</td><td>教师评价</td><td>总评</td></tr>
<tr><td rowspan="4">专业技能
（60 分）</td><td colspan="4">工作页完成进度（30 分）</td><td></td><td></td><td></td><td rowspan="9">A（86~100）
B（76~85）
C（60~75）
D（60 以下）</td></tr>
<tr><td colspan="4">对理论知识的掌握程度（10 分）</td><td></td><td></td><td></td></tr>
<tr><td colspan="4">理论知识的应用能力（10 分）</td><td></td><td></td><td></td></tr>
<tr><td colspan="4">改进能力（10 分）</td><td></td><td></td><td></td></tr>
<tr><td rowspan="4">综合素养
（40 分）</td><td colspan="4">遵守现场操作的职业规范（10 分）</td><td></td><td></td><td></td></tr>
<tr><td colspan="4">信息获取的途径（10 分）</td><td></td><td></td><td></td></tr>
<tr><td colspan="4">按时完成学习和工作任务（10 分）</td><td></td><td></td><td></td></tr>
<tr><td colspan="4">团队合作精神（10 分）</td><td></td><td></td><td></td></tr>
<tr><td colspan="5">总分</td><td></td><td></td><td></td></tr>
<tr><td colspan="5">综合得分
（学生自评占 10%、同学互评占 10%、教师评价占 80%）</td><td colspan="4"></td></tr>
<tr><td colspan="2">小结建议</td><td colspan="7"></td></tr>
</table>

现场测试考核评价表

班级		姓名		学号		日期	年　月　日
序号	评价要点				配分	得分	总评
1	能正确填写钳工常用电动工具清单				20		A（86~100） B（76~85） C（60~75） D（60 以下）
2	能正确填写钳工常用电动工具名称				20		
3	能正确填写钳工常用电动工具的用途及使用时的注意事项				20		
4	能按企业工作要求请操作人员验收，并交付使用				10		
5	能按照 6S 管理要求清理场地				10		
6	能遵守劳动纪律，以积极的态度接受工作任务				5		
7	能积极参与小组讨论，团队间相互合作				10		
8	能及时完成老师布置的任务				5		
总分					100		
小结建议							

学习活动 4　作品展示、任务验收、交付使用

学习目标

1. 能完成工作任务验收单的填写，明确验收要求。
2. 能按照企业工作制度请工作人员验收，交付使用。
3. 能按照企业要求进行 6S 管理。

学习过程

1. 根据任务要求，熟悉工作任务验收单格式，并完成验收单的填写工作。

工作任务验收单	
任务名称	
任务实施单位	
任务时间节点	
验收日期	
验收项目及要求	
验收人	

2. 验收结束后，按照企业 6S 管理要求，整理现场，并完成下列表格的填写。

序号	名称	自我评价	做得较好的方面	做得不满意的方面	改进措施
1	整理				
2	整顿				
3	清扫				
4	清洁				
5	素养				
6	安全				

学习活动过程评价表

班级	姓名	学号		日期	年 月 日
评价内容（满分 100 分）		学生自评	同学互评	教师评价	总评
专业技能（60 分）	工作页完成进度（30 分）				A（86~100） B（76~85） C（60~75） D（60 以下）
	对理论知识的掌握程度（10 分）				
	理论知识的应用能力（10 分）				
	改进能力（10 分）				
综合素养（40 分）	遵守现场操作的职业规范（10 分）				
	信息获取的途径（10 分）				
	按时完成学习和工作任务（10 分）				
	团队合作精神（10 分）				
总分					
综合得分（学生自评占 10%、同学互评占 10%、教师评价占 80%）					
小结建议					

现场测试考核评价表

班级	姓名 学号		日期	年 月 日
序号	评价要点	配分	得分	总评
1	能正确填写验收单	15		A（86~100） B（76~85） C（60~75） D（60 以下）
2	能说出项目验收的要求	15		
3	能对钳工常用手动、电动工具进行分类和认识	15		
4	能填写钳工常用手动、电动工具的名称、使用方法及注意事项	15		
5	能按企业工作制度请操作人员验收，并交付使用	10		
6	能按照 6S 管理要求清理场地	10		
7	能遵守劳动纪律，以积极的态度接受工作任务	5		
8	能积极参与小组讨论，团队间相互合作	10		
9	能及时完成老师布置的任务	5		
总分		100		
小结建议				

学习活动 5　工作总结与评价

学习目标

1. 能按分组情况，分别派代表展示工作成果，说明本次任务的完成情况，并作分析总结。
2. 能结合自身任务完成情况，正确规范地撰写工作总结（心得体会）。
3. 能就本次任务中出现的问题，提出改进措施。
4. 能对学习与工作进行反思总结，并能与他人开展良好合作，进行有效的沟通。

学习过程

1. 展示评价（个人、小组评价）

每个人先在组内进行经验交流与成果展示，再由小组推荐代表作必要的介绍。在交流的过程中，以组为单位进行评价；评价完成后，根据其他组成员对本组项目的评价意见进行归纳总结。完成如下项目：

1）交流的结论是否符合生产实际？

符合□　　基本符合□　　不符合□

2）本小组介绍经验时表达是否清晰？

很好□　　一般，常补充□　　不清楚□

3）本小组演示时，是否符合操作规程？

正确□　　部分正确□　　不正确□

4）本小组演示操作时遵循了 6S 的工作要求吗？

符合工作要求□　　忽略了部分要求□　　完全没有遵循□

5）本小组的成员团队创新精神如何？

良好□　　一般□　　不足□

2. 自评总结（心得体会）

3. 教师评价

1）找出各组的优点进行点评。

2）对展示过程中各组的缺点进行点评，提出改进方法。

3）对整个任务完成中出现的亮点和不足进行点评。

总体评价表

班级：　　　　姓名：　　　　学号：

项目	自我评价			小组评价			教师评价		
	10~9	8~6	5~1	10~9	8~6	5~1	10~9	8~6	5~1
	占总评 10%			占总评 30%			占总评 60%		
学习活动 1									
学习活动 2									
学习活动 3									
学习活动 4									
协作精神									
纪律观念									
表达能力									
工作态度									
安全意识									
任务总体表现									
小计									
总评									

2.3 学习任务应知应会考核

1. 填空题

1）常用的扳手分为________、________和________三类。

2）拔销器主要用于拔出带有螺纹的________、带有内螺纹的________、________和钩头楔键等零件。

3）弹性挡圈安装钳有________、________、________、________之分。

4）当工件形状或加工部位受到限制，无法在钻床上进行钻孔时，可用________来钻孔。

5）垫铁是一种检查________精度的通用工具。

6）检验桥板是用来测量床身________之间相互________精度的一种工具，它配合________使用。

2. 简答题

1）使用螺钉旋具时应注意哪些问题？

2）使用手电钻时应注意哪些事项？

3）使用电磨头时应注意哪些事项？

4）根据垫铁使用要求和导轨形状的不同，可将其制成哪些形状？

任务 3　钳工常用量具使用

3.1　学习任务要求

3.1.1　知识目标

1. 了解钳工常用量具的种类。
2. 掌握游标万能角度尺、游标卡尺、千分尺、百分表和水平仪的使用方法。
3. 熟悉水平仪及其使用方法。
4. 熟悉检验工具的使用方法。

3.1.2　素质目标

1. 遵守现场操作的职业规范，具备安全、整洁、规范实施工作任务的能力。
2. 具有良好的职业道德、职业责任感和不断学习的精神。
3. 具有不断开拓创新的意识。
4. 具有团队交流和协作能力。

3.1.3　能力目标

1. 认知钳工加工及装调工作中所需的常用量具。
2. 能正确说出钳工常用量具名称、种类、用途、使用方法。
3. 会正确使用钳工常用量具。
4. 能对量具进行维护和保养。
5. 能按照企业工作制度请操作人员验收，交付使用，并填写调试记录。
6. 能按 6S 要求，整理场地，归置物品，并按照环保规定处置废弃物。
7. 能写出完成此项任务的工作小结。

3.2　工作页

3.2.1　工作任务情景描述

学生通过现场参观钳工工作场地的环境，感知钳工工作过程，认知钳工加工和钳工装配、调试及维修工作中常用的量具（见图 3-1），能说出钳工常用量具的名称、种类、用途，会正确使用钳工常用量具并能进行量具的维护和保养，工作过程中严格遵守量具使用各项安全规程和注意事项，为后续钳工操作打下基础。

图 3-1 钳工常用量具

3.2.2 工作流程与学习活动

小组成员在接到任务后，到现场与操作人员沟通，认真观察钳工工作场地，查阅钳工加工和钳工装配、调试及维修工作中常用量具的相关资料后，进行任务分工安排，制订工作流程和步骤，做好准备工作。在工作过程中，认真记录和抄写钳工常用量具的名称，严格遵守安全操作规程，按照现场管理规范清理场地、归置物品，并按照环保规定处置废弃物。工作完成后，请指导教师验收。最后，撰写工作小结，小组成员进行经验交流。

学习活动 1 接受工作任务、制订工作计划

学习活动 2 认知钳工常用量具

学习活动 3 钳工常用量具的使用方法、注意事项和维护保养

学习活动 4 作品展示、任务验收、交付使用

学习活动 5 工作总结与评价

学习活动 1 接受工作任务、制订工作计划

学习目标

1. 能识读生产派工单，接受工作任务，明确任务要求。
2. 查阅资料，能说出钳工常用量具的名称、种类、用途。
3. 查阅资料，会正确使用钳工常用量具，会正确维护和保养量具。
4. 会制订工作计划。

学习过程

1. 仔细阅读下面的生产派工单，按照生产派工单提供的基本信息，查阅相关资料，明确工作任务的内容和要求。随着学习活动的展开，逐项填写生产派工单中的空白项目内容，完成学习任务。

生产派工单

单号：　　　　　　　　　　　开单部门：　　　　　　　　　开单人：
开单时间：　　年　月　日　时　分　　　　　　接单人：　部　　小组
（签名）

<table>
<tr><td colspan="5">以下由开单人填写</td></tr>
<tr><td>产品名称</td><td colspan="2"></td><td>完成工时</td><td>工时</td></tr>
<tr><td>产品技术要求</td><td colspan="4"></td></tr>
<tr><td colspan="5">以下由接单人和确认方填写</td></tr>
<tr><td>领取材料（含消耗品）</td><td colspan="2"></td><td rowspan="2">成本核算</td><td rowspan="2">金额合计：
仓管员（签名）
年　月　日</td></tr>
<tr><td>领用工具</td><td colspan="2"></td></tr>
<tr><td>操作者检测</td><td colspan="2"></td><td colspan="2">（签名）
年　月　日</td></tr>
<tr><td>班组检测</td><td colspan="2"></td><td colspan="2">（签名）
年　月　日</td></tr>
<tr><td>质检员检测</td><td colspan="2"></td><td colspan="2">（签名）
年　月　日</td></tr>
<tr><td rowspan="4">生产数量统计</td><td>合格</td><td colspan="3"></td></tr>
<tr><td>不良</td><td colspan="3"></td></tr>
<tr><td>返修</td><td colspan="3"></td></tr>
<tr><td>报废</td><td colspan="3"></td></tr>
</table>

统计：　　　　　　　　　　审核：　　　　　　　　　　批准：

2. 根据任务要求，对现有小组成员进行合理分工，并填写分工表。

序号	组员姓名	任务分工	备注

3. 查阅资料，小组讨论并制订钳工常用设备及工作环境相关要求和安全标识以及工作计划。

序号	工作内容	完成时间	工作要求	备注
1	接受生产派工单		认真识读生产派工单，明确任务要求	

活动过程评价自评表

<table>
<tr><td>班级</td><td></td><td>姓名</td><td></td><td>学号</td><td></td><td>日期</td><td colspan="3">年　月　日</td></tr>
<tr><td rowspan="2">评价指标</td><td colspan="4" rowspan="2">评价要素</td><td rowspan="2">权重</td><td colspan="4">等级评定</td></tr>
<tr><td>A</td><td>B</td><td>C</td><td>D</td></tr>
<tr><td rowspan="3">信息检索</td><td colspan="4">能够有效利用网络资源、工作手册查找有效信息</td><td>5%</td><td></td><td></td><td></td><td></td></tr>
<tr><td colspan="4">能够用自己的语言有条理地去解释、表述所学知识</td><td>5%</td><td></td><td></td><td></td><td></td></tr>
<tr><td colspan="4">能够将查找到的信息有效转换到工作中</td><td>5%</td><td></td><td></td><td></td><td></td></tr>
<tr><td rowspan="2">感知工作</td><td colspan="4">熟悉工作岗位，认同工作价值</td><td>5%</td><td></td><td></td><td></td><td></td></tr>
<tr><td colspan="4">在工作中，能够获得满足感</td><td>5%</td><td></td><td></td><td></td><td></td></tr>
<tr><td rowspan="5">参与状态</td><td colspan="4">与教师、同学之间能够相互尊重、理解、平等对待</td><td>5%</td><td></td><td></td><td></td><td></td></tr>
<tr><td colspan="4">与教师、同学之间能够保持多向、丰富、适宜的信息交流</td><td>5%</td><td></td><td></td><td></td><td></td></tr>
<tr><td colspan="4">探究学习，自主学习不流于形式，能够处理好合作学习和独立思考的关系，做到有效学习</td><td>5%</td><td></td><td></td><td></td><td></td></tr>
<tr><td colspan="4">能够提出有意义的问题或能够发表个人见解；能够按要求正确操作；能够倾听、协作、分享</td><td>5%</td><td></td><td></td><td></td><td></td></tr>
<tr><td colspan="4">积极参与，在产品加工过程中不断学习，综合运用信息技术的能力提高很大</td><td>5%</td><td></td><td></td><td></td><td></td></tr>
<tr><td rowspan="2">学习方法</td><td colspan="4">工作计划、操作技能符合规范要求</td><td>5%</td><td></td><td></td><td></td><td></td></tr>
<tr><td colspan="4">能够获得进一步发展的能力</td><td>5%</td><td></td><td></td><td></td><td></td></tr>
<tr><td rowspan="3">工作过程</td><td colspan="4">遵守管理规程，操作过程符合现场管理要求</td><td>5%</td><td></td><td></td><td></td><td></td></tr>
<tr><td colspan="4">平时上课的出勤情况和每天完成工作任务情况</td><td>5%</td><td></td><td></td><td></td><td></td></tr>
<tr><td colspan="4">善于多角度思考问题，能够主动发现、提出有价值的问题</td><td>5%</td><td></td><td></td><td></td><td></td></tr>
<tr><td>思维状态</td><td colspan="4">能够发现问题、提出问题、分析问题、解决问题</td><td>5%</td><td></td><td></td><td></td><td></td></tr>
<tr><td rowspan="4">自评反馈</td><td colspan="4">按时按质完成工作任务</td><td>5%</td><td></td><td></td><td></td><td></td></tr>
<tr><td colspan="4">较好地掌握专业知识点</td><td>5%</td><td></td><td></td><td></td><td></td></tr>
<tr><td colspan="4">具有较强的信息分析能力和理解能力</td><td>5%</td><td></td><td></td><td></td><td></td></tr>
<tr><td colspan="4">具有较为全面严谨的思维能力并能够条理明晰地表述成文</td><td>5%</td><td></td><td></td><td></td><td></td></tr>
<tr><td colspan="5">自评等级</td><td colspan="5"></td></tr>
<tr><td>有益的经验和做法</td><td colspan="9"></td></tr>
<tr><td>总结反思建议</td><td colspan="9"></td></tr>
</table>

等级评定：A：好；B：较好；C：一般；D：有待提高。

学习活动2　认知钳工常用量具

学习目标

1. 能识读钳工常用量具并进行分类。

2. 查阅资料，正确写出钳工常用量具名称。

学习过程

仔细查阅相关资料，写出钳工常用量具的名称，会进行各种常用量具的维护和保养。随着学习活动的展开，逐项填写项目内容，完成学习任务。

一、常用量具

1. 游标卡尺

查阅资料，正确指出图3-2所示常用量具的名称。

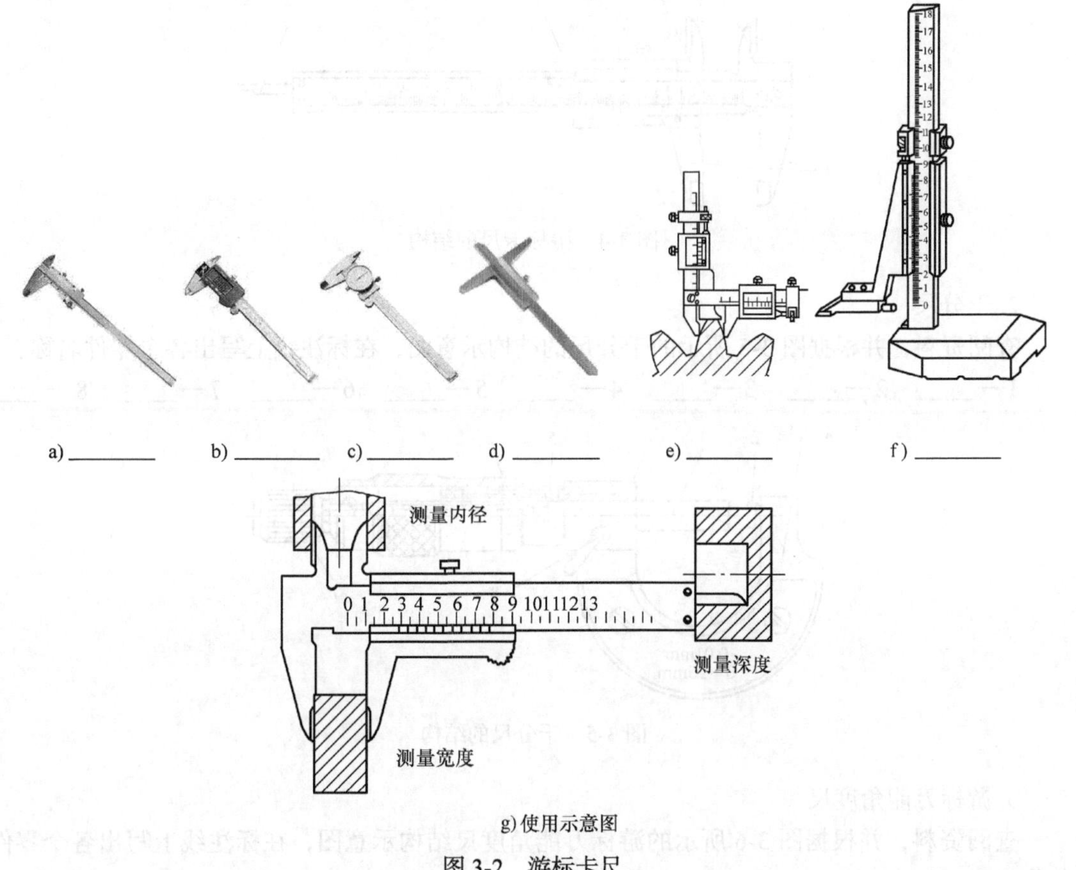

图3-2　游标卡尺

查阅资料，并根据图3-3所示游标卡尺的结构示意图，在标注线上写出各个零件名称：

1—____　2—____　3—____　4—____　5—____　6—____　7—____　8—____　9—____

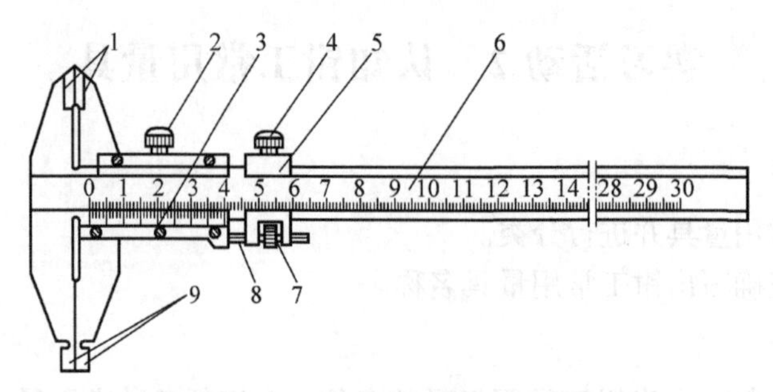

图 3-3 可微动调节的游标卡尺的结构

查阅资料，并根据图 3-4 所示的游标卡尺的结构示意图，在标注线上写出各个零件名称：

1 — ______ 2 — ______ 3 — ______ 4 — ______ 5 — ______ 6 — ______

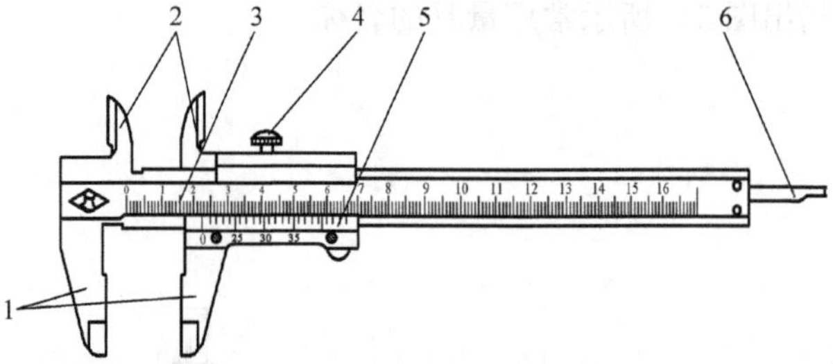

图 3-4 游标卡尺的结构

2. 千分尺

查阅资料，并根据图 3-5 所示的千分尺的结构示意图，在标注线上写出各个零件名称：

1—_____ 2—_____ 3—_____ 4—_____ 5—_____ 6—_____ 7—_____ 8—_____

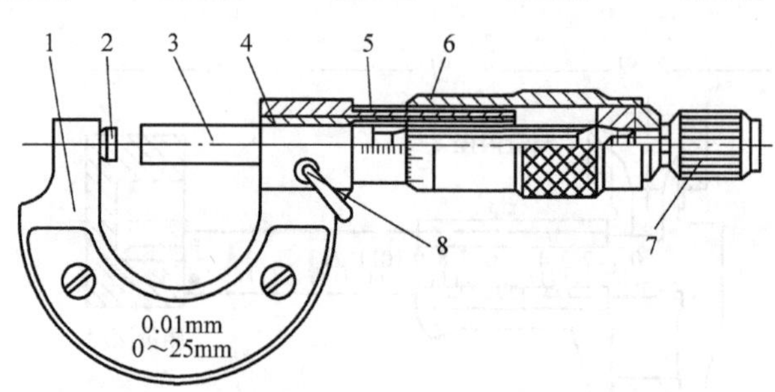

图 3-5 千分尺的结构

3. 游标万能角度尺

查阅资料，并根据图 3-6 所示的游标万能角度尺结构示意图，在标注线上写出各个零件名称：

1 — _____ 2 — _____ 3 — _____ 4 — _____ 5 — _____ 6 — _____ 7 — _____

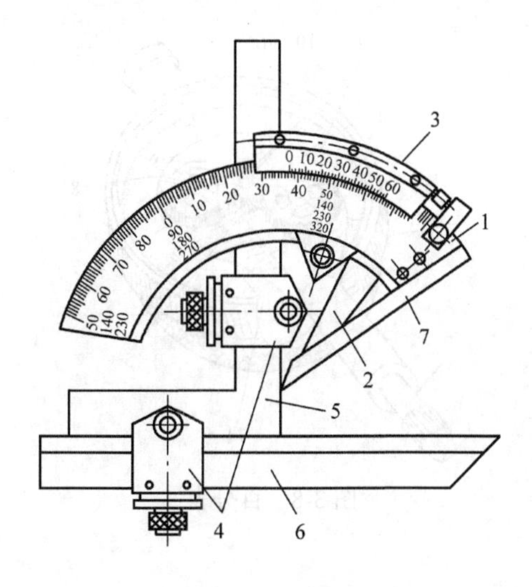

图 3-6　游标万能角度尺的结构

4. 百分表

查阅资料，填写图 3-7 所示百分表的名称。

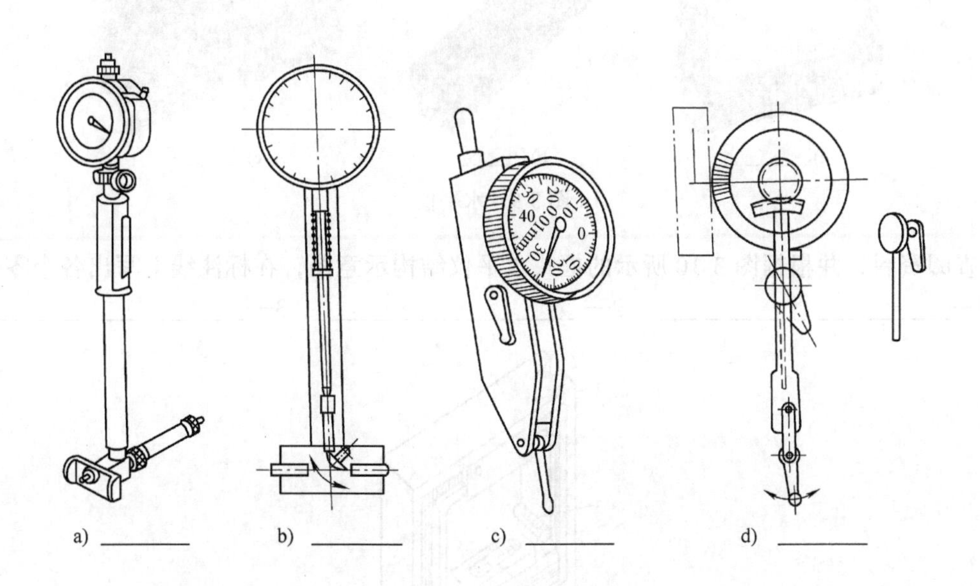

a) ________　b) ________　c) ________　d) ________

图 3-7　百分表的种类

查阅资料，并根据图 3-8 所示的百分表结构示意图，在标注线上写出各个零件名称：

1—________　2—________　3—________　4—________　5—________　6—________

7—________　8—________　9—________　10—________　11—________

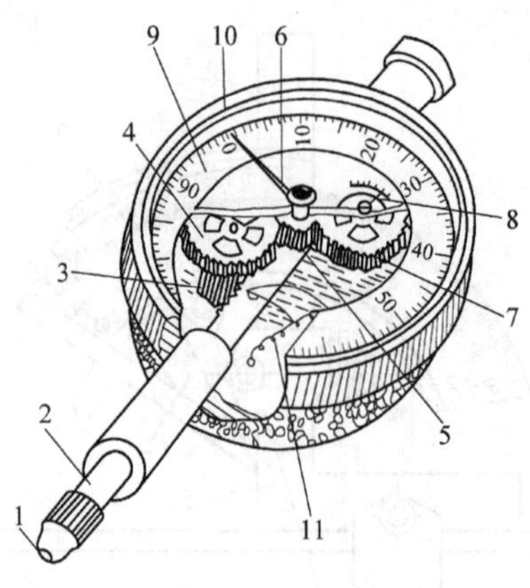

图 3-8 百分表

5. 水平仪

查阅资料，填写图 3-9 所示水平仪的名称。

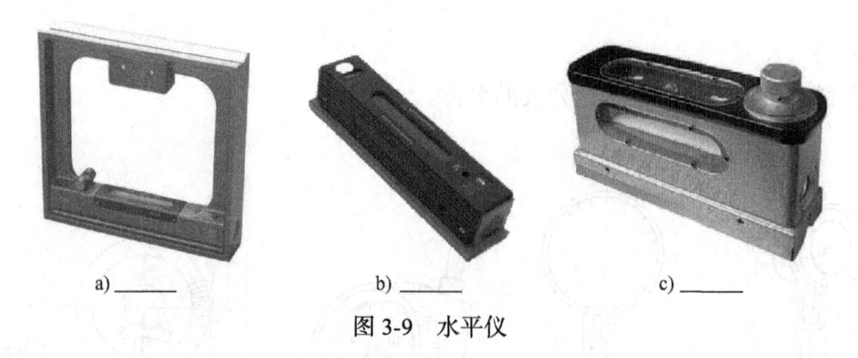

a) ______ b) ______ c) ______

图 3-9 水平仪

查阅资料，并根据图 3-10 所示的框式水平仪结构示意图，在标注线上写出各个零件名称：1—____________________ 2—____________________ 3—____________________。

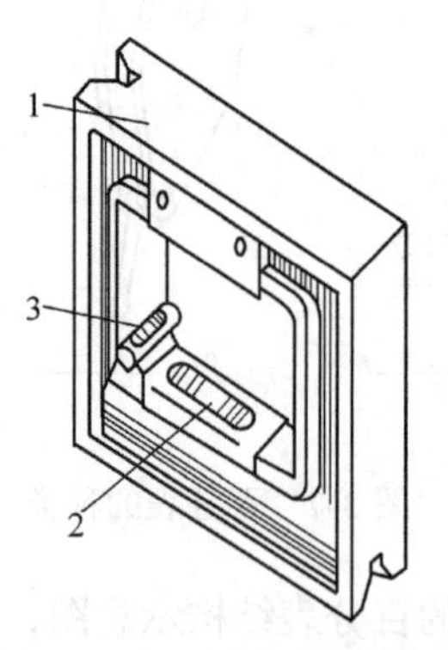

图 3-10 框式水平仪的结构

查阅资料，并根据图 3-11 所示的合像水平仪结构示意图，在标注线上写出各个零件名称：1—____ 2—____ 3—____ 4—____ 5—____ 6—____ 7—____ 8—____

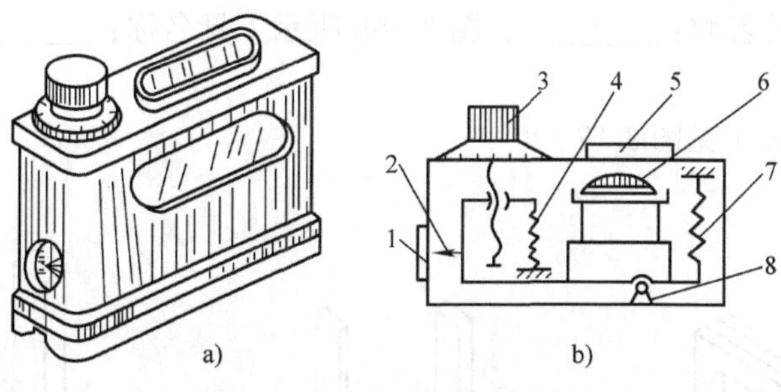

图3-11　合像水平仪的结构

6. 其他量具

通过图3-12~图3-15所示，了解量块、量规、卡规和塞尺的结构。

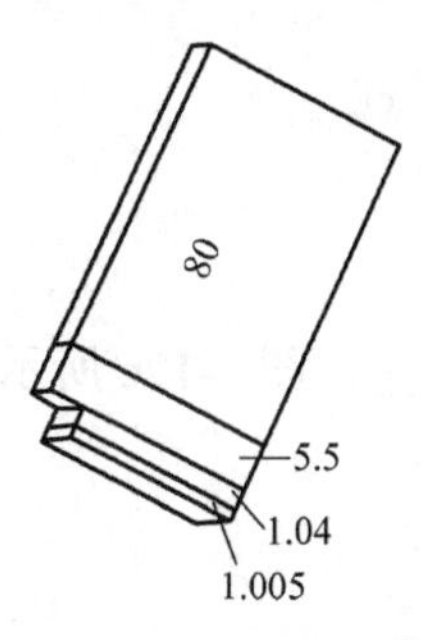

图3-12　量块的结构

图3-13　量规的结构

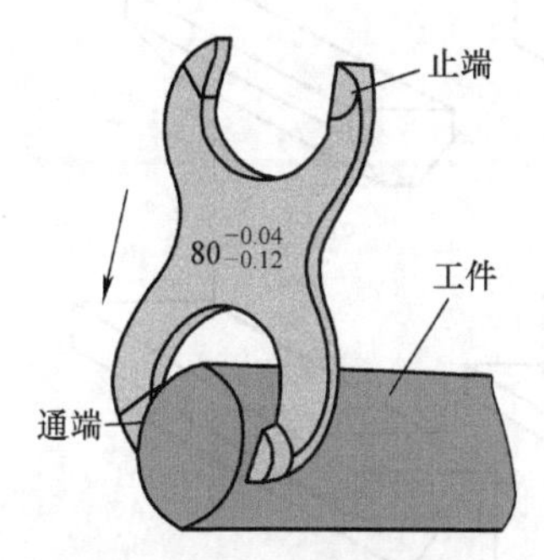

图3-14　卡规的结构

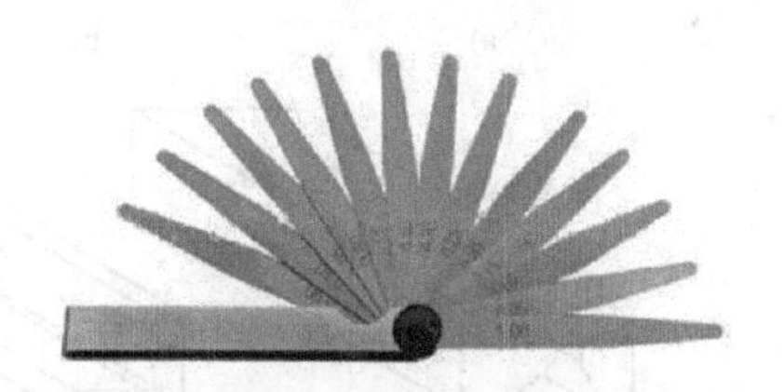

图3-15　塞尺的结构

二、常用检验工具

1. 平尺（见图3-16）

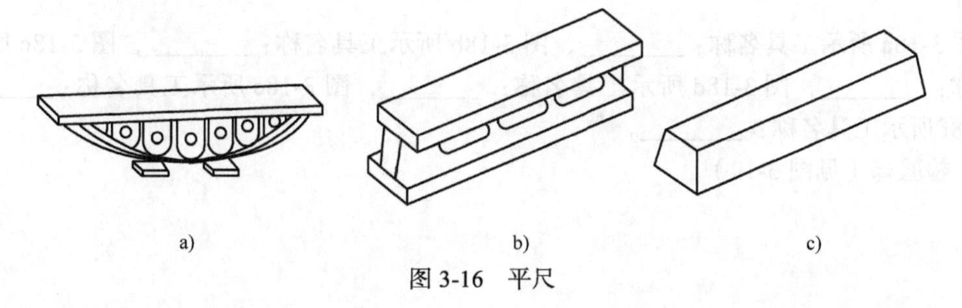

图3-16　平尺

图 3-16a 所示工具名称：________，图 3-16b 所示工具名称：________，图 3-16c 所示工具名称：________。

2. 方尺、90° 角尺（见图 3-17）

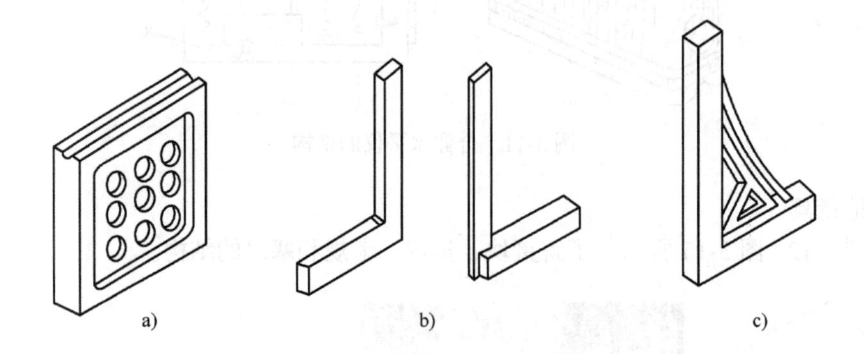

图 3-17 方尺、90° 角尺

图 3-17a 所示工具名称：________，图 3-17b 所示工具名称：________，图 3-17c 所示工具名称：________。

3. 垫铁（见图 3-18）

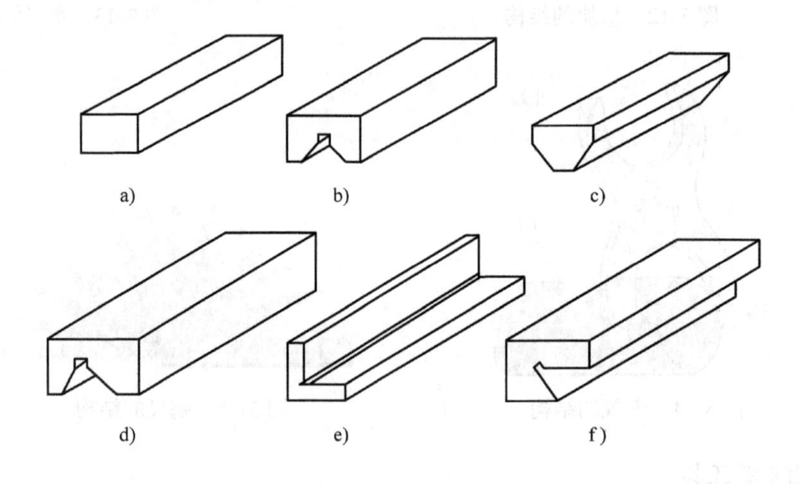

图 3-18 垫铁

图 3-18a 所示工具名称：________，图 3-18b 所示工具名称：________，图 3-18c 所示工具名称：________，图 3-18d 所示工具名称：________，图 3-18e 所示工具名称：________，图 3-18f 所示工具名称：________。

4. 检验棒（见图 3-19）

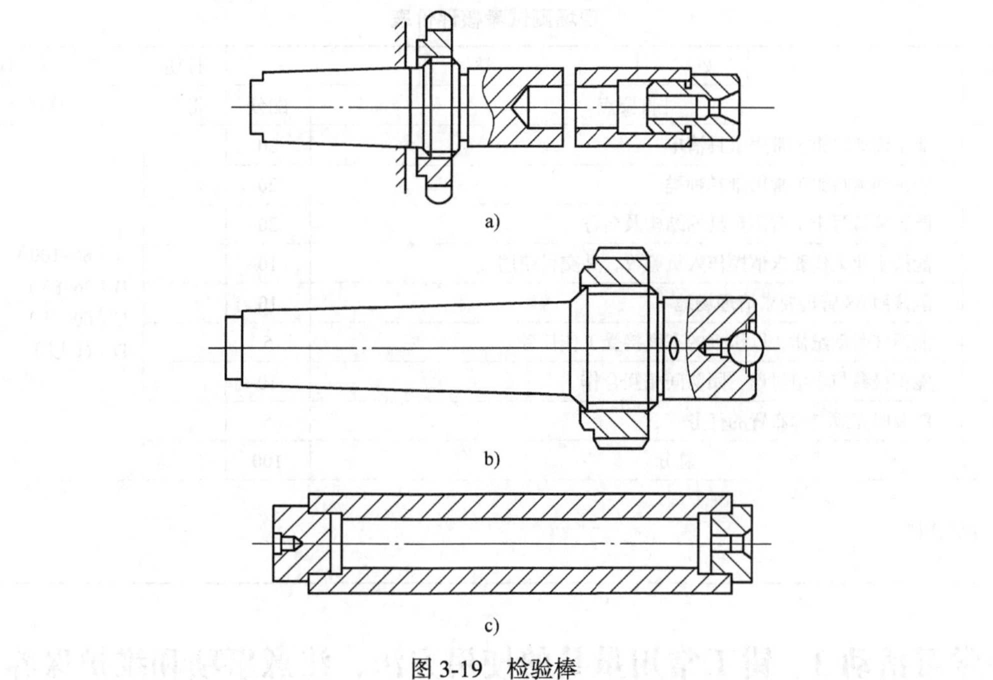

图 3-19　检验棒

图 3-19a 所示工具名称：________，图 3-19b 所示工具名称：________，图 3-19c 所示工具名称：________

学习活动过程评价表

<table>
<tr><td>班级</td><td></td><td>姓名</td><td></td><td>学号</td><td></td><td>日期</td><td colspan="2">年　月　日</td></tr>
<tr><td colspan="5">评价内容（满分 100 分）</td><td>学生自评</td><td>同学互评</td><td>教师评价</td><td>总评</td></tr>
<tr><td rowspan="4">专业技能
（60 分）</td><td colspan="4">工作页完成进度（30 分）</td><td></td><td></td><td></td><td rowspan="9">A（86~100）
B（76~85）
C（60~75）
D（60 以下）</td></tr>
<tr><td colspan="4">对理论知识的掌握程度（10 分）</td><td></td><td></td><td></td></tr>
<tr><td colspan="4">理论知识的应用能力（10 分）</td><td></td><td></td><td></td></tr>
<tr><td colspan="4">改进能力（10 分）</td><td></td><td></td><td></td></tr>
<tr><td rowspan="4">综合素养
（40 分）</td><td colspan="4">遵守现场操作的职业规范（10 分）</td><td></td><td></td><td></td></tr>
<tr><td colspan="4">信息获取的途径（10 分）</td><td></td><td></td><td></td></tr>
<tr><td colspan="4">按时完成学习和工作任务（10 分）</td><td></td><td></td><td></td></tr>
<tr><td colspan="4">团队合作精神（10 分）</td><td></td><td></td><td></td></tr>
<tr><td colspan="5">总分</td><td></td><td></td><td></td></tr>
<tr><td colspan="5">综合得分
（学生自评占 10%、同学互评占 10%、教师评价占 80%）</td><td colspan="4"></td></tr>
<tr><td colspan="2">小结建议</td><td colspan="7"></td></tr>
</table>

现场测试考核评价表

<table>
<tr><td>班级</td><td colspan="2"></td><td>姓名</td><td></td><td>学号</td><td></td><td>日期</td><td>年　月　日</td></tr>
<tr><td>序号</td><td colspan="5">评价要点</td><td>配分</td><td>得分</td><td>总评</td></tr>
<tr><td>1</td><td colspan="5">能正确填写钳工常用量具清单</td><td>20</td><td></td><td rowspan="9">A（86~100）
B（76~85）
C（60~75）
D（60 以下）</td></tr>
<tr><td>2</td><td colspan="5">能正确填写钳工常用量具种类</td><td>20</td><td></td></tr>
<tr><td>3</td><td colspan="5">能正确填写钳工常用量具的结构及名称</td><td>20</td><td></td></tr>
<tr><td>4</td><td colspan="5">能按企业工作要求请操作人员验收，并交付使用</td><td>10</td><td></td></tr>
<tr><td>5</td><td colspan="5">能按照 6S 管理要求清理场地</td><td>10</td><td></td></tr>
<tr><td>6</td><td colspan="5">能遵守劳动纪律，以积极的态度接受工作任务</td><td>5</td><td></td></tr>
<tr><td>7</td><td colspan="5">能积极参与小组讨论，团队间相互合作</td><td>10</td><td></td></tr>
<tr><td>8</td><td colspan="5">能及时完成老师布置的任务</td><td>5</td><td></td></tr>
<tr><td colspan="6">总分</td><td>100</td><td></td></tr>
<tr><td colspan="2">小结建议</td><td colspan="7"></td></tr>
</table>

学习活动 3　钳工常用量具的使用方法、注意事项和维护保养

1. 查阅资料，写出钳工常用量具的使用方法及注意事项。

2. 查阅资料，正确维护和保养各种常用量。

仔细查阅相关资料，正确使用钳工常用量具，正确维护保养量具。随着学习活动的展开，逐项填写项目内容，完成学习任务。

1. 游标卡尺

1）查阅资料，描述游标卡尺的结构组成部分（见图 3-20）。

____

____

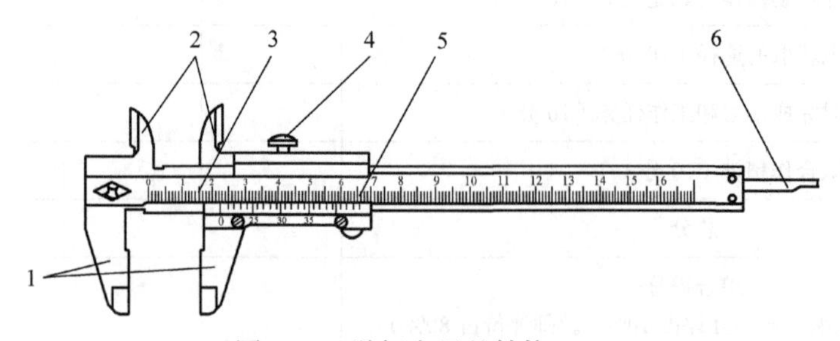

图 3-20　游标卡尺的结构

2）查阅资料，描述游标卡尺的刻线原理（见图 3-21）。

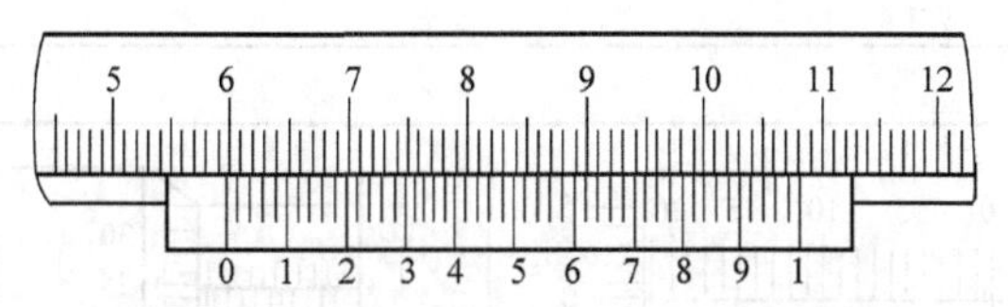

图 3-21　0.02mm 游标卡尺的刻线原理

3）查阅资料，描述游标卡尺的读数方法。

4）查阅资料，描述使用游标卡尺时的注意事项。

5）查阅资料，描述游标卡尺的维护保养方法。

2. 千分尺

1）查阅资料，描述千分尺的结构组成部分（见图 3-22）。

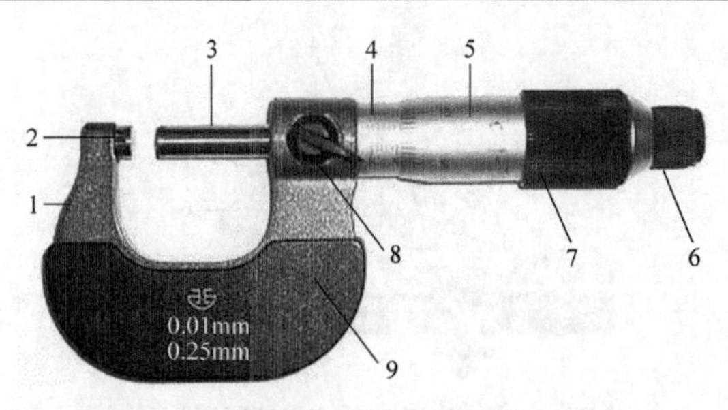

图 3-22　千分尺的结构

2）查阅资料，描述千分尺的刻线原理（见图 3-23）。

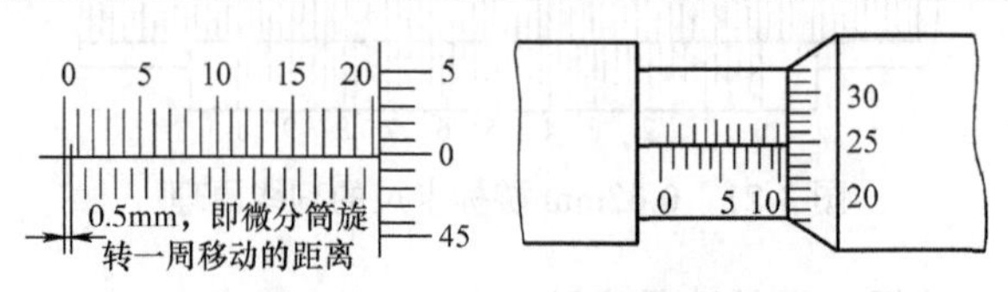

图 3-23 千分尺的刻线原理

3）查阅资料，描述千分尺的读数方法。

4）查阅资料，描述使用千分尺时的注意事项。

5）查阅资料，描述千分尺的维护保养方法。

3. 游标万能角度尺

1）查阅资料，描述游标万能角度尺的结构（见图 3-24）。

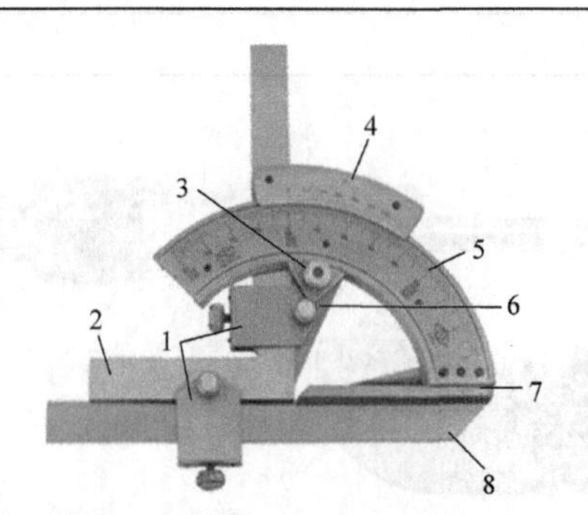

图 3-24 游标万能角度尺的结构

2）查阅资料，描述游标万能角度尺的刻线原理（见图3-25）。

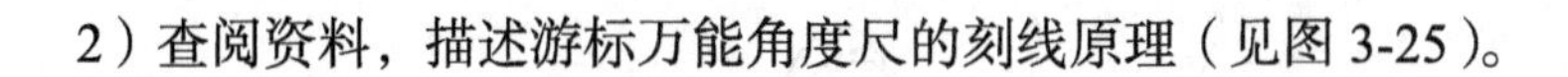

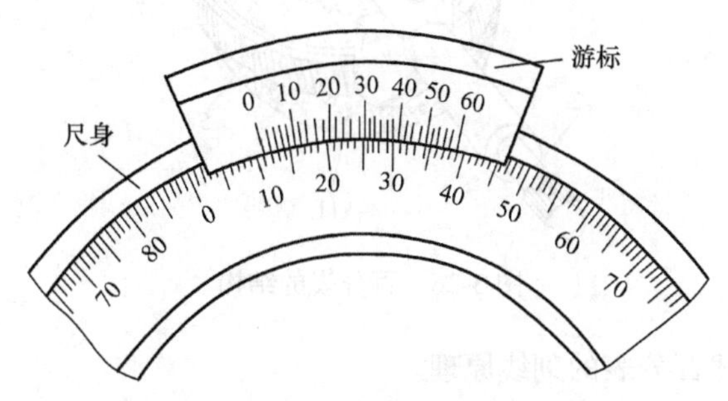

图3-25　游标万能角度尺的刻线原理

3）查阅资料，描述游标万能角度尺的读数方法。

4）查阅资料，描述使用游标万能角度尺时的注意事项。

5）查阅资料，描述游标万能角度尺的维护保养方法。

4. 百分表

1）查阅资料，描述百分表的结构组成（见图3-26）。

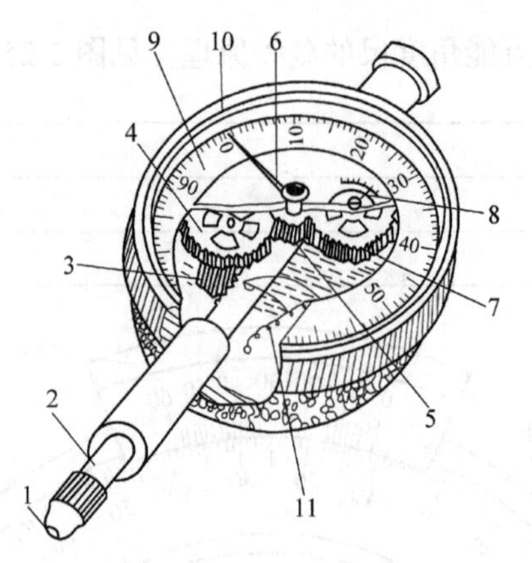

图 3-26　百分表的结构

2）查阅资料，描述百分表的刻线原理。

3）查阅资料，描述百分表的读数方法。

4）查阅资料，描述使用百分表时的注意事项。

5）查阅资料，描述百分表的维护保养方法。

5. 水平仪

1）查阅资料，描述框式水平仪的结构组成部分（见图 3-27）。

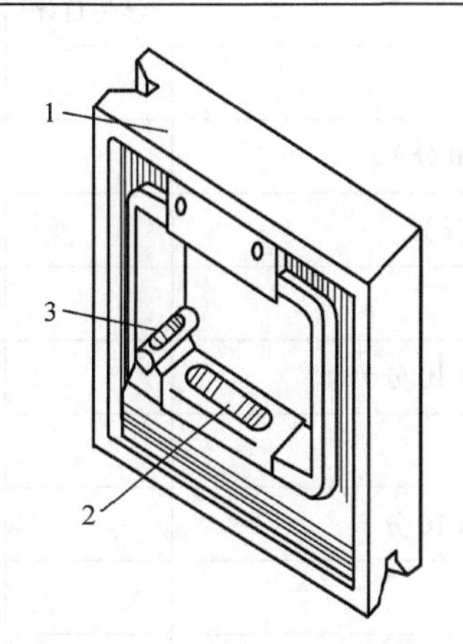

图 3-27　框式水平仪的结构

2）查阅资料，描述框式水平仪的刻线原理。

3）查阅资料，描述框式水平仪的读数方法。

4）查阅资料，描述使用框式水平仪时的注意事项。

5）查阅资料，描述框式水平仪的维护保养方法。

学习活动过程评价表

<table>
<tr><td>班级</td><td></td><td>姓名</td><td></td><td>学号</td><td></td><td>日期</td><td colspan="2">年 月 日</td></tr>
<tr><td colspan="6">评价内容（满分 100 分）</td><td>学生自评</td><td>同学互评</td><td>教师评价</td><td>总评</td></tr>
<tr><td rowspan="4">专业技能（60 分）</td><td colspan="5">工作页完成进度（30 分）</td><td></td><td></td><td></td><td rowspan="9">A（86~100）
B（76~85）
C（60~75）
D（60 以下）</td></tr>
<tr><td colspan="5">对理论知识的掌握程度（10 分）</td><td></td><td></td><td></td></tr>
<tr><td colspan="5">理论知识的应用能力（10 分）</td><td></td><td></td><td></td></tr>
<tr><td colspan="5">改进能力（10 分）</td><td></td><td></td><td></td></tr>
<tr><td rowspan="4">综合素养（40 分）</td><td colspan="5">遵守现场操作的职业规范（10 分）</td><td></td><td></td><td></td></tr>
<tr><td colspan="5">信息获取的途径（10 分）</td><td></td><td></td><td></td></tr>
<tr><td colspan="5">按时完成学习和工作任务（10 分）</td><td></td><td></td><td></td></tr>
<tr><td colspan="5">团队合作精神（10 分）</td><td></td><td></td><td></td></tr>
<tr><td colspan="6">总分</td><td></td><td></td><td></td></tr>
<tr><td colspan="6">综合得分
（学生自评占 10%、同学互评占 10%、教师评价占 80%）</td><td colspan="4"></td></tr>
<tr><td colspan="2">小结建议</td><td colspan="8"></td></tr>
</table>

现场测试考核评价表

<table>
<tr><td>班级</td><td></td><td>姓名</td><td></td><td>学号</td><td></td><td>日期</td><td>年 月 日</td></tr>
<tr><td>序号</td><td colspan="4">评价要点</td><td>配分</td><td>得分</td><td>总评</td></tr>
<tr><td>1</td><td colspan="4">能正确填写钳工常用量具的使用方法</td><td>20</td><td></td><td rowspan="9">A（86~100）
B（76~85）
C（60~75）
D（60 以下）</td></tr>
<tr><td>2</td><td colspan="4">能正确填写钳工常用量具使用注意事项</td><td>20</td><td></td></tr>
<tr><td>3</td><td colspan="4">能正确填写钳工常用量具的维护保养方法</td><td>20</td><td></td></tr>
<tr><td>4</td><td colspan="4">能按企业工作要求请操作人员验收，并交付使用</td><td>10</td><td></td></tr>
<tr><td>5</td><td colspan="4">能按照 6S 管理要求清理场地</td><td>10</td><td></td></tr>
<tr><td>6</td><td colspan="4">能遵守劳动纪律，以积极的态度接受工作任务</td><td>5</td><td></td></tr>
<tr><td>7</td><td colspan="4">能积极参与小组讨论，团队间相互合作</td><td>10</td><td></td></tr>
<tr><td>8</td><td colspan="4">能及时完成老师布置的任务</td><td>5</td><td></td></tr>
<tr><td colspan="5">总分</td><td>100</td><td></td></tr>
<tr><td>小结建议</td><td colspan="7"></td></tr>
</table>

学习活动 4　作品展示、任务验收、交付使用

学习目标

1. 能完成工作任务验收单的填写，明确验收要求。
2. 能按照企业工作制度请工作人员验收，交付使用。
3. 能按照企业要求进行 6S 管理。

学习过程

1. 根据任务要求，熟悉工作任务验收单格式，并完成验收单的填写工作。

工作任务验收单	
任务名称	
任务实施单位	
任务时间节点	
验收日期	
验收项目及要求	
验收人	

2. 验收结束后，按照企业 6S 管理要求，整理现场，并完成下列表格的填写。

序号	名称	自我评价	做得较好的方面	做得不满意的方面	改进措施
1	整理				
2	整顿				
3	清扫				
4	清洁				
5	素养				
6	安全				

学习活动过程评价表

<table>
<tr><td>班级</td><td></td><td>姓名</td><td></td><td>学号</td><td></td><td>日期</td><td>年　月　日</td></tr>
<tr><td colspan="2">评价内容（满分 100 分）</td><td>学生自评</td><td>同学互评</td><td>教师评价</td><td colspan="3">总评</td></tr>
<tr><td rowspan="4">专业技能
（60 分）</td><td>工作页完成进度（30 分）</td><td></td><td></td><td></td><td colspan="3" rowspan="9">A（86~100）
B（76~85）
C（60~75）
D（60 以下）</td></tr>
<tr><td>对理论知识的掌握程度（10 分）</td><td></td><td></td><td></td></tr>
<tr><td>理论知识的应用能力（10 分）</td><td></td><td></td><td></td></tr>
<tr><td>改进能力（10 分）</td><td></td><td></td><td></td></tr>
<tr><td rowspan="4">综合素养
（40 分）</td><td>遵守现场操作的职业规范（10 分）</td><td></td><td></td><td></td></tr>
<tr><td>信息获取的途径（10 分）</td><td></td><td></td><td></td></tr>
<tr><td>按时完成学习和工作任务（10 分）</td><td></td><td></td><td></td></tr>
<tr><td>团队合作精神（10 分）</td><td></td><td></td><td></td></tr>
<tr><td colspan="2">总分</td><td></td><td></td><td></td></tr>
<tr><td colspan="2">综合得分
（学生自评占 10%、同学互评占 10%、教师评价占 80%）</td><td colspan="6"></td></tr>
<tr><td>小结建议</td><td colspan="7"></td></tr>
</table>

现场测试考核评价表

班级		姓名		学号		日期	年　月　日
序号	评价要点				配分	得分	总评
1	能正确填写验收单				15		A（86~100） B（76~85） C（60~75） D（60 以下）
2	能说出项目验收的要求				15		
3	能对钳工常用量具进行分类和认识				15		
4	能填写钳工常用量具名称、使用方法及注意事项				15		
5	能按企业工作制度请操作人员验收，并交付使用				10		
6	能按照 6S 管理要求清理场地				10		
7	能遵守劳动纪律，以积极的态度接受工作任务				5		
8	能积极参与小组讨论，团队间相互合作				10		
9	能及时完成老师布置的任务				5		
总分					100		
小结建议							

学习活动 5　工作总结与评价

学习目标

1. 能按分组情况，分别派代表展示工作成果，说明本次任务的完成情况，并作分析总结。
2. 能结合自身任务完成情况，正确规范撰写工作总结（心得体会）。
3. 能就本次任务中出现的问题，提出改进措施。
4. 能对学习与工作进行反思总结，并能与他人开展良好合作，进行有效的沟通。

学习过程

1. 展示评价（个人、小组评价）

每个人先在组内进行经验交流与成果展示，再由小组推荐代表作必要的介绍。在交流的过程中，以组为单位进行评价；评价完成后，根据其他组成员对本组项目的评价意见进行归纳总结。完成如下项目：

1）交流的结论是否符合生产实际？

符合□　　基本符合□　　不符合□

2）与其他组相比，本小组设计的工艺如何？

工艺优化□　　工艺合理　　工艺一般□

3）本小组介绍经验时表达是否清晰？

很好□　　一般，常补充□　　不清楚□

4）本小组演示时，是否符合操作规程？

正确□　　部分正确□　　不正确□

5）本小组演示操作时遵循了 6S 的工作要求吗？

符合工作要求□　　忽略了部分要求□　　完全没有遵循□

6）本小组的成员团队创新精神如何？

良好□　　　　　　　　　　一般□　　　　　　　　　　不足□

2. 自评总结（心得体会）

3. 教师评价

1）找出各组的优点进行点评。

2）对展示过程中各组的缺点进行点评，提出改进方法。

3）对整个任务完成中出现的亮点和不足进行点评。

总体评价表

班级：　　　　　　　　姓名：　　　　　　　　学号：

项目	自我评价			小组评价			教师评价		
	10~9	8~6	5~1	10~9	8~6	5~1	10~9	8~6	5~1
	占总评 10%			占总评 30%			占总评 60%		
学习活动 1									
学习活动 2									
学习活动 3									
学习活动 4									
协作精神									
纪律观念									
表达能力									
工作态度									
安全意识									
任务总体表现									
小计									
总评									

3.3　学习任务应知应会考核

1. 填空题

1）钳工常用的量具按其用途和特点，可分为______量具、______量具和______量具。

2）游标万能角度尺按游标的测量精度可分为______和______两种。

3）游标卡尺是一种适合测量______精度尺寸的量具。

4）千分尺是一种______量具，测量尺寸精度要比游标卡尺______。

5）常用的水平仪有______水平仪、______水平仪和______水平仪。

6）使用塞尺测量间隙时，若用 0.2mm 的塞尺片可插入，用 0.5mm 的塞尺片不可插入，则说明间隙大于______ mm，且小于______mm，即间隙在______之间。

2. 简答题

1）游标万能角度尺适用于测量哪些工件？测量范围是多少？

2）水平仪适用于什么场合？常用的类型有哪些？

3）根据量具的用途和特点不同，可将其分为哪几种类型？

4）常用的检具有哪些？

5）对于量具应注意哪些维护和保养工作？

3. 技能题

1）游标卡尺的操作使用与维护保养。

2）千分尺的操作使用与维护保养。

3）游标万能角度尺的操作使用与维护保养。

4）百分表的操作使用与维护保养。

任务4　划线——样板及轴承座划线

4.1　学习任务要求

4.1.1　知识目标

1. 掌握划线的概念。
2. 掌握划线在零件加工中的作用。
3. 掌握划线的种类（见图4-1）及用途。
4. 掌握等分圆周的划法并会使用分度头进行简单分度。
5. 掌握划线基准的选择方法及划线时的找正、借料方法。

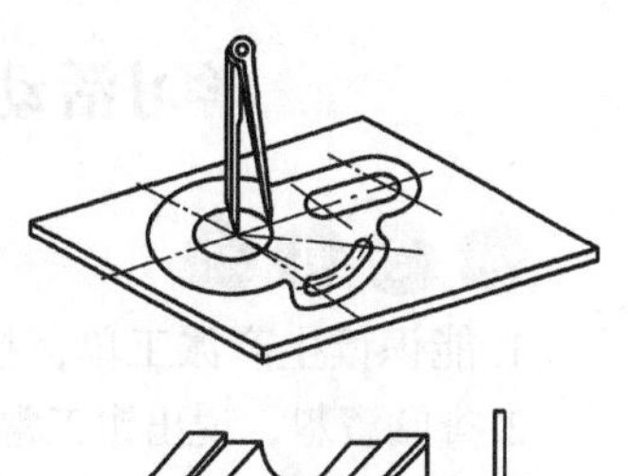

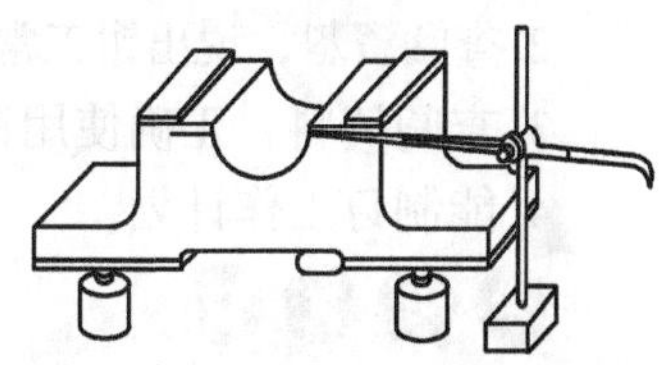

图4-1　平面划线、立体划线

4.1.2　素质目标

1. 遵守现场操作的职业规范，具备安全、整洁、规范实施工作任务的能力。
2. 具有良好的职业道德、职业责任感和不断学习的精神。
3. 具有不断开拓创新的意识。
4. 具有团队交流和协作能力。

4.1.3　能力目标

1. 认知钳工加工及装调工作中所需的划线工具。
2. 能正确认知钳工常用划线工具的种类。
3. 能合理选择划线基准对划线图样进行抄画。
4. 能正确使用划线工具进行平面划线和立体划线。
5. 能按照企业工作制度请操作人员验收，交付使用，并填写调试记录。
6. 能按6S要求，整理场地，归置物品，并按照环保规定处置废弃物。
7. 能写出完成此项任务的工作小结。

4.2　工作页

4.2.1　工作任务情景描述

学生通过现场参观钳工工作场地，感知钳工工作过程，认知钳工加工和钳工装配、调试及维修工作中常用的划线工具，能说出钳工常用划线方法的名称、种类、用途，会正确使用钳工常用划线工具，工作过程中严格遵守各项安全规程和注意事项，做到安全文明生产，为后续钳工操作打下基础。

4.2.2　工作流程与学习活动

小组成员在接到任务后，到现场与操作人员沟通，认真观察钳工工作场地，查阅钳工加工和钳工装配、调试及维修工作中常用的划线工具及划线操作方法相关资料后，进行任务分工安排，制订工作流程和步骤，做好准备工作。在工作过程中，认真记录和抄写钳工工作场地的常用划线工具，工作完成后，请指导教师验收。最后，撰写工作小结，小组成员进行经验交流。在工作过程中严格遵守安全操作规程，按照现场管理规范清理场地、归置物品，并按照环保规定处置废弃物。

学习活动 1　接受工作任务、制订工作计划
学习活动 2　认知钳工常用划线工具
学习活动 3　钳工划线操作方法及注意事项
学习活动 4　作品展示、任务验收、交付使用
学习活动 5　工作总结与评价

学习活动 1　接受工作任务、制订工作计划

学习目标

1. 能识读生产派工单，接受工作任务，明确任务要求。
2. 查阅资料，说出钳工常用划线工具名称、种类、用途。
3. 查阅资料，正确使用钳工常用划线工具。
4. 能制订工作计划。

学习过程

1. 仔细阅读下面的生产派工单，按照生产派工单提供的基本信息，查阅相关资料，明确工作任务的内容和要求。随着学习活动的展开，逐项填写生产派工单中的空白项目内容，完成学习任务。

生产派工单

<table>
<tr><td colspan="5">单号：　　　　开单部门：　　　　开单人：
开单时间：　年　月　日　时　分　　接单人：　部　小组
（签名）</td></tr>
<tr><td colspan="5">以下由开单人填写</td></tr>
<tr><td>产品名称</td><td colspan="2"></td><td>完成工时</td><td>工时</td></tr>
<tr><td>产品技术要求</td><td colspan="4"></td></tr>
<tr><td colspan="5">以下由接单人和确认方填写</td></tr>
<tr><td>领取材料（含消耗品）</td><td colspan="2"></td><td rowspan="2">成本核算</td><td rowspan="2">金额合计：
仓管员（签名）
年　月　日</td></tr>
<tr><td>领用工具</td><td colspan="2"></td></tr>
<tr><td>操作者检测</td><td colspan="2"></td><td colspan="2">（签名）
年　月　日</td></tr>
<tr><td>班组检测</td><td colspan="2"></td><td colspan="2">（签名）
年　月　日</td></tr>
<tr><td>质检员检测</td><td colspan="2"></td><td colspan="2">（签名）
年　月　日</td></tr>
<tr><td rowspan="4">生产数量统计</td><td>合格</td><td colspan="3"></td></tr>
<tr><td>不良</td><td colspan="3"></td></tr>
<tr><td>返修</td><td colspan="3"></td></tr>
<tr><td>报废</td><td colspan="3"></td></tr>
<tr><td colspan="5">统计：　　　　审核：　　　　批准：</td></tr>
</table>

2. 根据任务要求，对现有小组成员进行合理分工，并填写分工表。

序号	组员姓名	任务分工	备注

3. 查阅资料，小组讨论并制订钳工划线的工作计划。

序号	工作内容	完成时间	工作要求	备注
1	接受生产派工单		认真识读生产派工单，明确任务要求	

活动过程评价自评表

<table>
<tr><td>班级</td><td colspan="2"> 姓名 </td><td colspan="2">学号</td><td>日期</td><td colspan="3">年 月 日</td></tr>
<tr><td rowspan="2">评价指标</td><td colspan="4" rowspan="2">评价要素</td><td rowspan="2">权重</td><td colspan="4">等级评定</td></tr>
<tr><td>A</td><td>B</td><td>C</td><td>D</td></tr>
<tr><td rowspan="3">信息检索</td><td colspan="4">能够有效利用网络资源、工作手册查找有效信息</td><td>5%</td><td></td><td></td><td></td><td></td></tr>
<tr><td colspan="4">能够用自己的语言有条理地去解释、表述所学知识</td><td>5%</td><td></td><td></td><td></td><td></td></tr>
<tr><td colspan="4">能够将查找到的信息有效转换到工作中</td><td>5%</td><td></td><td></td><td></td><td></td></tr>
<tr><td rowspan="2">感知工作</td><td colspan="4">能够熟悉工作岗位，认同工作价值</td><td>5%</td><td></td><td></td><td></td><td></td></tr>
<tr><td colspan="4">在工作中能够获得满足感</td><td>5%</td><td></td><td></td><td></td><td></td></tr>
<tr><td rowspan="5">参与状态</td><td colspan="4">与教师、同学之间能够相互尊重、理解、平等对待</td><td>5%</td><td></td><td></td><td></td><td></td></tr>
<tr><td colspan="4">与教师、同学之间能够保持多向、丰富、适宜的信息交流</td><td>5%</td><td></td><td></td><td></td><td></td></tr>
<tr><td colspan="4">探究学习，自主学习不流于形式，处理好合作学习和独立思考的关系，做到有效学习</td><td>5%</td><td></td><td></td><td></td><td></td></tr>
<tr><td colspan="4">能够提出有意义的问题或能发表个人见解；能够按要求正确操作；能够倾听、协作、分享</td><td>5%</td><td></td><td></td><td></td><td></td></tr>
<tr><td colspan="4">积极参与，在产品加工过程中不断学习，综合运用信息技术的能力提高很大</td><td>5%</td><td></td><td></td><td></td><td></td></tr>
<tr><td rowspan="2">学习方法</td><td colspan="4">工作计划、操作技能符合规范要求</td><td>5%</td><td></td><td></td><td></td><td></td></tr>
<tr><td colspan="4">能够获得进一步发展的能力</td><td>5%</td><td></td><td></td><td></td><td></td></tr>
<tr><td rowspan="3">工作过程</td><td colspan="4">遵守管理规程，操作过程符合现场管理要求</td><td>5%</td><td></td><td></td><td></td><td></td></tr>
<tr><td colspan="4">平时上课的出勤情况和每天完成工作任务情况</td><td>5%</td><td></td><td></td><td></td><td></td></tr>
<tr><td colspan="4">善于多角度思考问题，能够主动发现、提出有价值的问题</td><td>5%</td><td></td><td></td><td></td><td></td></tr>
<tr><td>思维状态</td><td colspan="4">能够发现问题、提出问题、分析问题、解决问题</td><td>5%</td><td></td><td></td><td></td><td></td></tr>
<tr><td rowspan="4">自评反馈</td><td colspan="4">按时按质完成工作任务</td><td>5%</td><td></td><td></td><td></td><td></td></tr>
<tr><td colspan="4">较好地掌握专业知识点</td><td>5%</td><td></td><td></td><td></td><td></td></tr>
<tr><td colspan="4">具有较强的信息分析能力和理解能力</td><td>5%</td><td></td><td></td><td></td><td></td></tr>
<tr><td colspan="4">具有较为全面严谨的思维能力并能够条理明晰地表述成文</td><td>5%</td><td></td><td></td><td></td><td></td></tr>
<tr><td colspan="5">自评等级</td><td colspan="5"></td></tr>
<tr><td>有益的经验和做法</td><td colspan="9"></td></tr>
<tr><td>总结反思建议</td><td colspan="9"></td></tr>
</table>

等级评定：A：好；B：较好；C：一般；D：有待提高。

学习活动 2 认知钳工常用划线工具

学习目标

1. 掌握划线的概念、划线的分类及划线的作用。
2. 能识读钳工常用划线工具。
3. 查阅资料，写出钳工常用划线工具的名称。

学习过程

仔细查阅相关资料，描述划线的概念、划线的分类及划线的作用，写出钳工常用划线工具的名称。随着学习活动的展开，逐项填写项目内容，完成学习任务。

一、划线概述

查阅相关资料，描述划线的概念：____

____

1. 划线的分类

1）平面划线：____

____

2）立体划线：____

____

2. 划线的作用

查阅相关资料，描述划线的作用：____

____

____

____

____

____

二、钳工常用划线工具的种类

1）查阅资料，填写划线常用工具名称（见图4-2）。

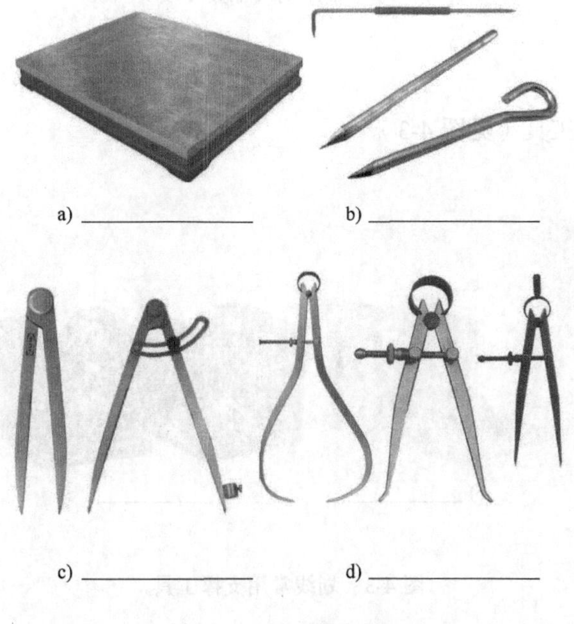

图4-2 常用划线工具

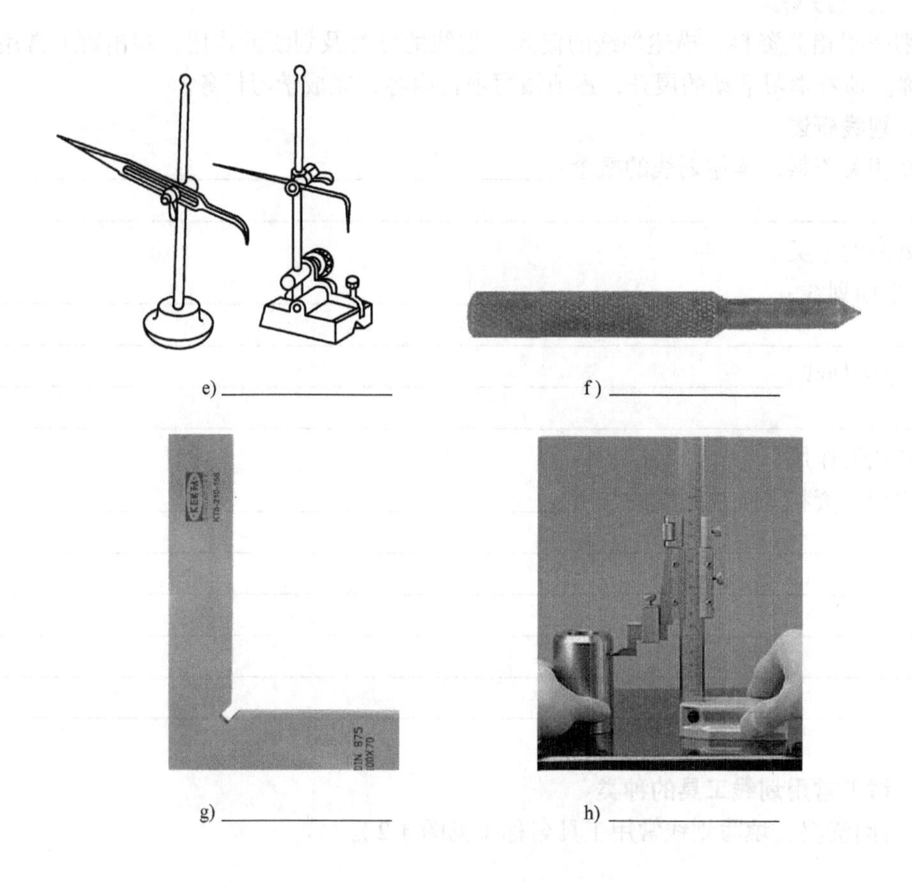

图 4-2 常用划线工具（续）

2）划线常用支撑工具（见图 4-3）。

图 4-3 划线常用支撑工具

学习活动过程评价表

班级		姓名		学号		日期	年　月　日
评价内容（满分 100 分）				学生自评	同学互评	教师评价	总评
专业技能（60 分）	工作页完成进度（30 分）						A（86~100） B（76~85） C（60~75） D（60 以下）
	对理论知识的掌握程度（10 分）						
	理论知识的应用能力（10 分）						
	改进能力（10 分）						
综合素养（40 分）	遵守现场操作的职业规范（10 分）						
	信息获取的途径（10 分）						
	按时完成学习和工作任务（10 分）						
	团队合作精神（10 分）						
总分							
综合得分 （学生自评占 10%、同学互评占 10%、教师评价占 80%）							
小结建议							

现场测试考核评价表

班级		姓名		学号		日期	年　月　日
序号	评价要点				配分	得分	总评
1	能正确填写钳工常用划线工具清单				20		
2	能正确填写钳工常用划线工具种类				20		A（86~100） B（76~85） C（60~75） D（60 以下）
3	能正确填写钳工常用划线工具及名称				20		
4	能按企业工作要求请操作人员验收，并交付使用				10		
5	能按照 6S 管理要求清理场地				10		
6	能遵守劳动纪律，以积极的态度接受工作任务				5		
7	能积极参与小组讨论，团队间相互合作				10		
8	能及时完成老师布置的任务				5		
总分					100		
小结建议							

学习活动 3　钳工划线操作方法及注意事项

学习目标

1. 掌握基准的概念和划线基准的选择原则。

2. 能正确确定基准线。

3. 查阅资料，会使用钢直尺、划针、划规、90° 角尺、样冲划线盘、高度尺、千斤顶等进行平面划线和立体划线。

4. 会找正和借料划线。

5. 掌握平面划线和立体划线的基本划线方法。

6. 掌握钳工划线的注意事项。

仔细查阅相关资料，认知钳工划线操作方法和注意事项。随着学习活动的展开，逐项填写项目内容，工作过程中严格遵守各项安全规程和注意事项，完成学习任务。

1. 平面划线

（1）查阅相关资料，描述划线基准的概念。

基准：______________________________

____

设计基准：______________________________

____

划线基准：______________________________

____

（2）查阅相关资料，描述划线基准的选择原则。

____

____

____

____

____

（3）使用划线工具完成图 4-4 所示的样板划线，并填写划线步骤。

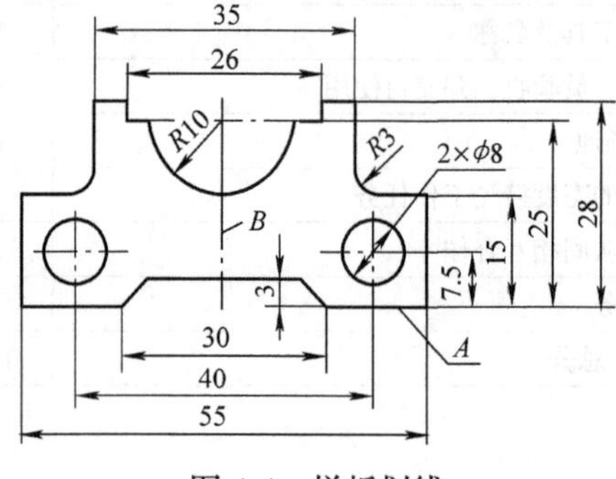

图 4-4　样板划线

1）样板划线如下：

2）填写划线步骤：

____

____

____

____

（4）查阅相关资料，描述平面划线的注意事项。

____

____

____

____

2. 立体划线

（1）查阅相关资料，描述立体划线概念。

找正：____

____

借料：____

____

（2）查阅相关资料，描述立体划线基准的选择原则。

____

____

____

____

（3）查阅相关资料，描述立体划线的安全措施。

____

____

____

____

（4）使用划线工具完成图4-5所示的轴承座的立体划线，并填写划线步骤。

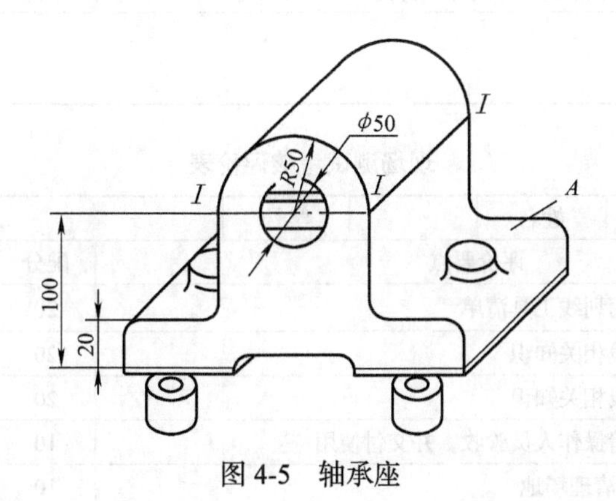

图4-5　轴承座

1）轴承座立体划线如下：

2）填写划线步骤：

____

____

____

____

（5）查阅相关资料，描述立体划线的注意事项。

____

____

____

____

学习活动过程评价表

班级		姓名		学号	日期	年 月 日	
评价内容（满分 100 分）				学生自评	同学互评	教师评价	总评
专业技能（60 分）	工作页完成进度（30 分）						A（86~100） B（76~85） C（60~75） D（60 以下）
	对理论知识的掌握程度（10 分）						
	理论知识的应用能力（10 分）						
	改进能力（10 分）						
综合素养（40 分）	遵守现场操作的职业规范（10 分）						
	信息获取的途径（10 分）						
	按时完成学习和工作任务（10 分）						
	团队合作精神（10 分）						
总分							
综合得分（学生自评占 10%、同学互评占 10%、教师评价占 80%）							
小结建议							

现场测试考核评价表

班级		姓名		学号		日期	年 月 日
序号	评价要点				配分	得分	总评
1	能正确填写钳工常用划线工具清单				20		A（86~100） B（76~85） C（60~75） D（60 以下）
2	能正确填写平面划线相关知识				20		
3	能正确填写立体划线相关知识				20		
4	能按企业工作要求请操作人员验收，并交付使用				10		
5	能按照 6S 管理要求清理场地				10		
6	能遵守劳动纪律，以积极的态度接受工作任务				5		
7	能积极参与小组讨论，团队间相互合作				10		
8	能及时完成老师布置的任务				5		
总分					100		
小结建议							

学习活动4　作品展示、任务验收、交付使用

学习目标

1. 能完成工作任务验收单的填写，明确验收要求。
2. 能按照企业工作制度请工作人员验收，交付使用。
3. 能按照企业要求进行6S管理。

学习过程

1. 根据任务要求，熟悉工作任务验收单格式，并完成验收单的填写工作。

工作任务验收单	
任务名称	
任务实施单位	
任务时间节点	
验收日期	
验收项目及要求	
验收人	

2. 验收结束后，按照企业6S管理要求，整理现场，并完成下列表格的填写。

序号	名称	自我评价	做得较好的方面	做得不满意的方面	改进措施
1	整理				
2	整顿				
3	清扫				
4	清洁				
5	素养				
6	安全				

学习活动过程评价表

班级		姓名		学号		日期	年　月　日
评价内容（满分100分）				学生自评	同学互评	教师评价	总评
专业技能（60分）	工作页完成进度（30分）						A（86~100） B（76~85） C（60~75） D（60以下）
	对理论知识的掌握程度（10分）						
	理论知识的应用能力（10分）						
	改进能力（10分）						
综合素养（40分）	遵守现场操作的职业规范（10分）						
	信息获取的途径（10分）						
	按时完成学习和工作任务（10分）						
	团队合作精神（10分）						
总分							
综合得分（学生自评占10%、同学互评占10%、教师评价占80%）							
小结建议							

现场测试考核评价表

班级		姓名		学号		日期	年 月 日
序号	评价要点				配分	得分	总评
1	能正确填写验收单				15		A（86~100） B（76~85） C（60~75） D（60 以下）
2	能说出项目验收的要求				15		
3	能对钳工常用划线工具进行分类和认识				15		
4	能填写钳工常用划线工具名称、使用方法及注意事项				15		
5	能按企业工作制度请操作人员验收，并交付使用				10		
6	能按照 6S 管理要求清理场地				10		
7	能遵守劳动纪律，以积极的态度接受工作任务				5		
8	能积极参与小组讨论，团队间相互合作				10		
9	能及时完成老师布置的任务				5		
总分					100		
小结建议							

学习活动 5 工作总结与评价

学习目标

1. 能按分组情况，分别派代表展示工作成果，说明本次任务的完成情况，并作分析总结。
2. 能结合自身任务完成情况，正确规范撰写工作总结（心得体会）。
3. 能就本次任务中出现的问题，提出改进措施。
4. 能对学习与工作进行反思总结，并能与他人开展良好合作，进行有效的沟通。

学习过程

1. 展示评价（个人、小组评价）

每个人先在组内进行经验交流与成果展示，再由小组推荐代表作必要的介绍。在交流的过程中，以组为单位进行评价。评价完成后，根据其他组成员对本组设备安装调试的评价意见进行归纳总结。完成如下项目：

1）交流的结论是否符合生产实际？

符合□　　基本符合□　　不符合□

2）与其他组相比，本小组设计的工艺如何？

工艺优化□　　工艺合理□　　工艺一般□

3）本小组介绍经验时表达是否清晰？

很好□　　一般，常补充□　　不清楚□

4）本小组演示时，是否符合操作规程？

正确□　　部分正确□　　不正确□

5）本小组演示操作时遵循了 6S 的工作要求吗？

符合工作要求□　　忽略了部分要求□　　完全没有遵循□

6）本小组的成员团队创新精神如何？

良好□　　　　　　　　　一般□　　　　　　　　不足□

2. 自评总结（心得体会）

____

____

____

____

3. 教师评价

1）找出各组的优点进行点评。

2）对展示过程中各组的缺点进行点评，提出改进方法。

3）对整个任务完成中出现的亮点和不足进行点评。

总体评价表

班级：　　　　　　姓名：　　　　　　学号：

项目	自我评价			小组评价			教师评价		
	10~9	8~6	5~1	10~9	8~6	5~1	10~9	8~6	5~1
	占总评 10%			占总评 30%			占总评 60%		
学习活动 1									
学习活动 2									
学习活动 3									
学习活动 4									
协作精神									
纪律观念									
表达能力									
工作态度									
安全意识									
任务总体表现									
小计									
总评									

4.3　学习任务应知应会考核

1. 填空题

1）只需要在工件的________表面上划线，即能明确表示出工件的加工界线的操作，称为________划线。

2）只有在工件上几个不同________的表面上划线，才能明确表示加工界线的操作，称为________划线。

3）划线除要求划出的线条________、均匀外，最重要的是要保证________准确。

4）一般划线精度能达到________mm。

2. 名词解释

1）基准；2）设计基准；3）划线基准；4）找正；5）借料。

3. 简答题

1）什么叫划线？

2）划线的作用有哪些？

3）划线基准的选择原则有哪些？

4. 技能题

1）样板划线（见图 4-6）。

2）轴承座划线（见图 4-7）。

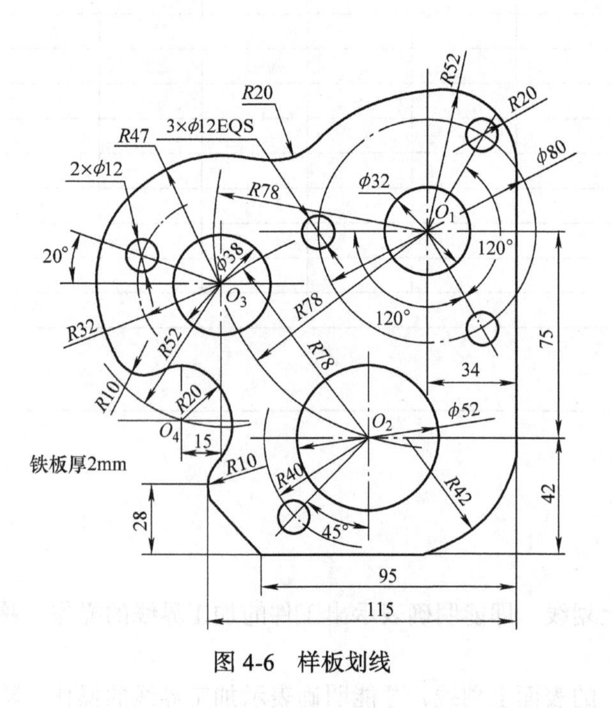

图 4-6 样板划线

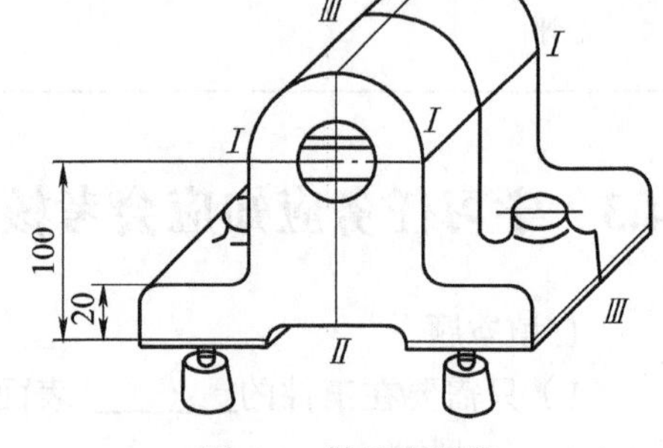

图 4-7 轴承座划线

任务5　锯削——L 块锯削

5.1　学习任务要求

5.1.1　知识目标

1. 熟悉锯削的作用。
2. 熟悉锯条折断的原因和防止方法。
3. 熟悉起锯的方法。
4. 熟悉锯削姿势及要领。

5.1.2　素质目标

1. 遵守现场操作的职业规范，具备安全、整洁、规范实施工作任务的能力。
2. 具有良好的职业道德、职业责任感和不断学习的精神。
3. 具有不断开拓创新的意识。
4. 以积极的态度对待训练任务，具有团队交流和协作能力。

5.1.3　能力目标

1. 认知钳工锯削过程，认识锯削工具及其使用方法。
2. 能根据加工材料、加工条件正确选用锯条。
3. 能对各种材料进行正确的锯削，并会分析锯条损坏及锯缝歪斜的原因。
4. 能按照企业工作制度请操作人员验收，交付使用，并填写任务完成记录。
5. 能按 6S 要求，整理场地，归置物品，并按照环保规定处置废弃物。
6. 能写出完成此项任务的工作小结。

5.2　工作页

5.2.1　工作任务情景描述

锯削是钳工基本操作之一。学生通过现场参观钳工工作场地，感知钳工工作过程，认知钳工锯削过程。通过锯削训练（见图 5-1），领会手锯的握法、锯削站立姿势和动作要领，并能根据不同材料的要求正确选用锯条；会分析锯条折断、锯缝歪斜的原因，工作过程严格遵守各项安全规程和注意事项，做到安全文明生产。

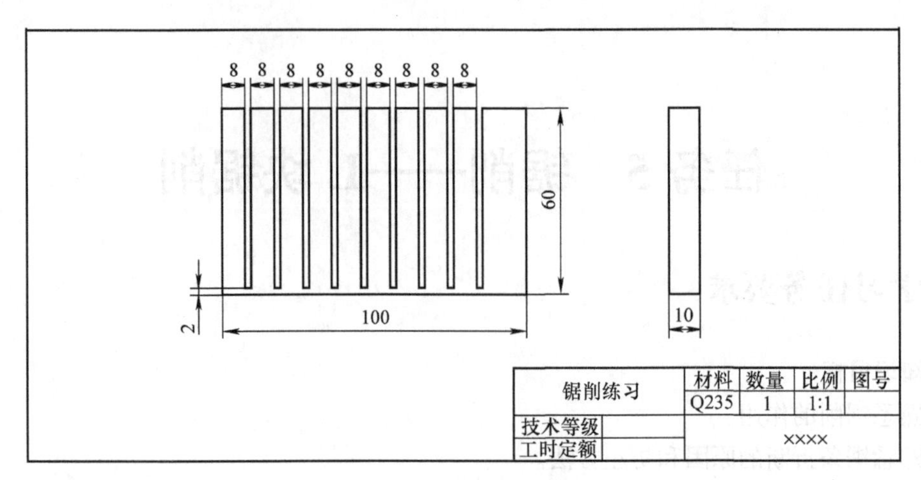

图 5-1 锯削练习图

5.2.2 工作流程与学习活动

小组成员在接到任务后，到现场与操作人员沟通，认真观察钳工工作场地，查阅钳工锯削过程操作方法的相关资料后，进行任务分工安排，制订工作流程和步骤，做好准备工作。在工作过程中，认真记录和抄写钳工工作过程中手锯的握法、锯削站立姿势和动作要领，并能根据不同材料要求正确选用锯条；会分析锯条折断、锯缝歪斜的原因。在工作过程中严格遵守安全操作规程，按照现场管理规范清理场地、归置物品，并按照环保规定处置废弃物。工作完成后，请指导教师验收。最后，撰写工作小结，小组成员进行经验交流。

学习活动 1 接受工作任务、制订工作计划

学习活动 2 认知钳工锯削工具

学习活动 3 钳工锯削操作方法及注意事项

学习活动 4 作品展示、任务验收、交付使用

学习活动 5 工作总结与评价

学习活动 1 接受工作任务、制订工作计划

学习目标

1. 能识读生产派工单，接受工作任务，明确任务要求。
2. 查阅资料，能说出钳工锯削工具的名称、种类、用途。
3. 查阅资料，会正确使用钳工锯削工具。
4. 会制订工作计划。

学习过程

1. 仔细阅读下面的生产派工单，按照生产派工单提供的基本信息，查阅相关资料，明确工作任务的内容和要求。随着学习活动的展开，逐项填写生产派工单中的空白项目内容，完成学习任务。

生产派工单

单号：　　　　　　　　　开单部门：　　　　　　　　　开单人：
开单时间：　　年　月　日　时　分　　　　　接单人：　　部　　小组
（签名）

<table>
<tr><td colspan="5">以下由开单人填写</td></tr>
<tr><td>产品名称</td><td colspan="2"></td><td>完成工时</td><td>工时</td></tr>
<tr><td>产品技术要求</td><td colspan="4"></td></tr>
<tr><td colspan="5">以下由接单人和确认方填写</td></tr>
<tr><td>领取材料（含消耗品）</td><td colspan="2"></td><td rowspan="2">成本核算</td><td rowspan="2">金额合计：
仓管员（签名）
年　月　日</td></tr>
<tr><td>领用工具</td><td colspan="2"></td></tr>
<tr><td>操作者检测</td><td colspan="2"></td><td colspan="2">（签名）
年　月　日</td></tr>
<tr><td>班组检测</td><td colspan="2"></td><td colspan="2">（签名）
年　月　日</td></tr>
<tr><td>质检员检测</td><td colspan="2"></td><td colspan="2">（签名）
年　月　日</td></tr>
<tr><td rowspan="4">生产数量统计</td><td>合格</td><td colspan="3"></td></tr>
<tr><td>不良</td><td colspan="3"></td></tr>
<tr><td>返修</td><td colspan="3"></td></tr>
<tr><td>报废</td><td colspan="3"></td></tr>
</table>

统计：　　　　　　　　　审核：　　　　　　　　　批准：

2. 根据任务要求，对现有小组成员进行合理分工，并填写分工表。

序号	组员姓名	任务分工	备注

3. 查阅资料，小组讨论并制订钳工锯削工作计划。

序号	工作内容	完成时间	工作要求	备注
1	接受生产派工单		认真识读生产派工单，明确任务要求	

评价与分析

活动过程评价自评表

班级		姓名		学号		日期	年 月 日		
评价指标	评价要素				权重	等级评定			
						A	B	C	D
信息检索	能够有效利用网络资源、工作手册查找有效信息				5%				
	能够用自己的语言有条理地去解释、表述所学知识				5%				
	能够将查找到的信息有效转换到工作中				5%				
感知工作	能够熟悉工作岗位，认同工作价值				5%				
	在工作中，能够获得满足感				5%				
参与状态	与教师、同学之间能够相互尊重、理解、平等对待				5%				
	与教师、同学之间能够保持多向、丰富、适宜的信息交流				5%				
	探究学习、自主学习不流于形式，处理好合作学习和独立思考的关系，做到有效学习				5%				
	能够提出有意义的问题或能够发表个人见解；能够按要求正确操作；能够倾听、协作、分享				5%				
	积极参与，在产品加工过程中不断学习，综合运用信息技术的能力提高很大				5%				
学习方法	工作计划、操作技能符合规范要求				5%				
	能够获得进一步发展的能力				5%				
工作过程	遵守管理规程，操作过程符合现场管理要求				5%				
	平时上课的出勤情况和每天完成工作任务情况				5%				
	善于多角度思考问题，能够主动发现、提出有价值的问题				5%				
思维状态	能够发现问题、提出问题、分析问题、解决问题				5%				
自评反馈	按时按质完成工作任务				5%				
	较好地掌握专业知识点				5%				
	具有较强的信息分析能力和理解能力				5%				
	具有较为全面严谨的思维能力并能够条理明晰地表述成文				5%				
自评等级									
有益的经验和做法									
总结反思建议									

等级评定：A：好；B：较好；C：一般；D：有待提高。

学习活动 2 认知钳工锯削工具

学习目标

1. 掌握锯削的概念及作用。
2. 能识读钳工常用锯削工具。
3. 查阅资料，写出钳工常用锯削工具的名称。

学习过程

仔细查阅相关资料，能正确描述锯削的概念及作用，写出钳工常用锯削工具的名称。随着学习活动的展开，逐项填写项目内容，完成学习任务。

一、锯削概述

1）仔细查阅相关资料，正确描述锯削的概念。

____

____

2）查阅资料，写出钳工锯削的作用。

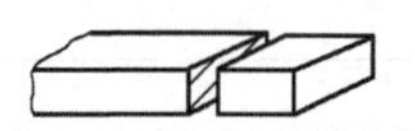
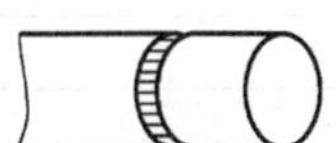
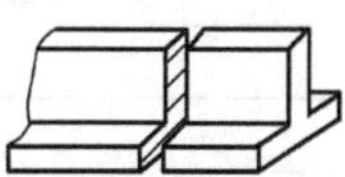

锯削的作用一：______________________________

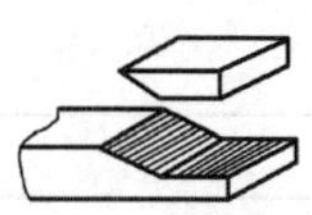
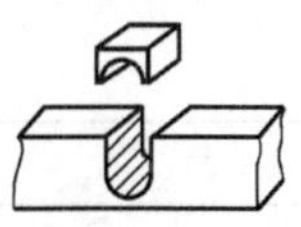
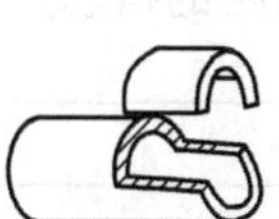

锯削的作用二：______________________________

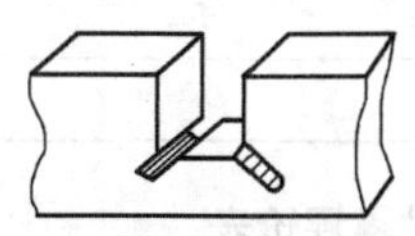

锯削的作用三：______________________________

二、锯削工具

1. 锯弓（见图 5-2）

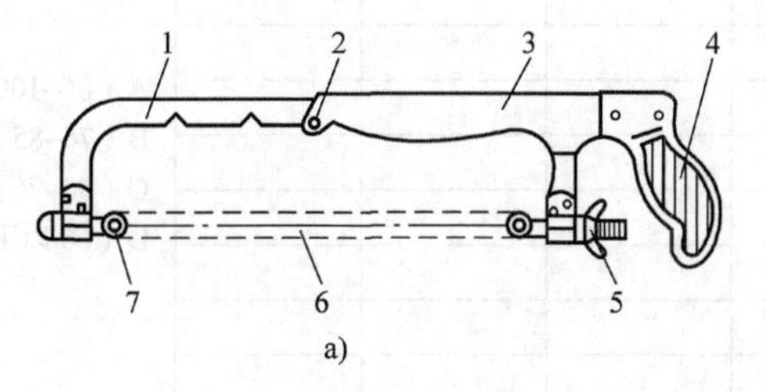

a)

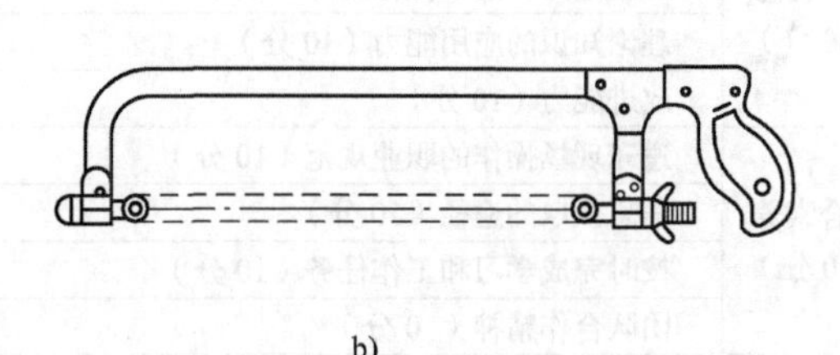
b)

图 5-2 锯弓

图 5-2a 所示工具的名称：________ 图 5-2b 所示工具的名称：________

1—______ 2—______ 3—______ 4—______ 5—______ 6—______ 7—______

2. 锯条

锯条是用来直接锯削材料或工件的刃具。锯条一般用渗碳钢冷轧而成，也有的用碳素工具钢制成，并经热处理淬硬后才能使用，如图 5-3 所示。

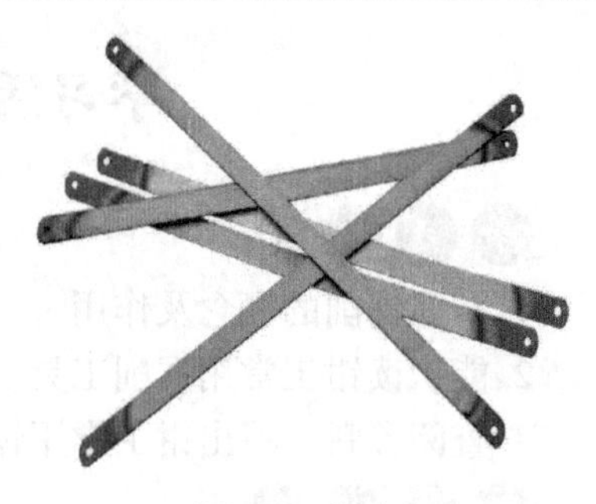

图 5-3 锯条

1）锯条的规格。锯条的长度是以两端安装孔的中心距来表示的。其规格有________mm、________mm、________mm。钳工常用的锯条规格为________mm。

2）锯齿的切削角度。锯条切削部分由许多均匀分布的锯齿组成，每一个锯齿就如同一把錾子，都具有切削作用。锯齿的切削角度如图 5-4 所示。其中后角 α=________°、楔角 β=________°、前角 γ=________°。

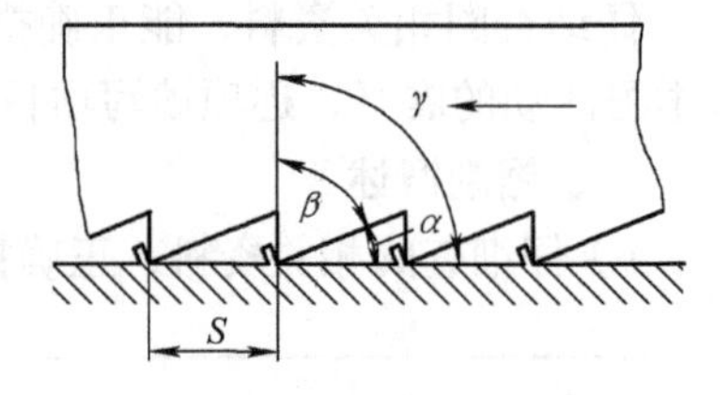

图 5-4 锯齿的切削角度

3）锯齿的粗细。锯齿的粗细以锯条每 25mm 长度内的齿数来表示，一般分为粗、中、细三种。查阅资料，填写下表锯齿的粗细规格及应用。

锯齿粗细	每 25mm 内齿数	应用
粗齿		
中齿		
细齿		

3. 查阅资料，描述锯路的概念

____

____

____

____

____

____

学习活动过程评价表

班级		姓名		学号		日期	年 月 日
评价内容（满分 100 分）				学生自评	同学互评	教师评价	总评
专业技能（60 分）	工作页完成进度（30 分）						A（86~100） B（76~85） C（60~75） D（60 以下）
	对理论知识的掌握程度（10 分）						
	理论知识的应用能力（10 分）						
	改进能力（10 分）						
综合素养（40 分）	遵守现场操作的职业规范（10 分）						
	信息获取的途径（10 分）						
	按时完成学习和工作任务（10 分）						
	团队合作精神（10 分）						
总分							
综合得分（学生自评占 10%、同学互评占 10%、教师评价占 80%）							
小结建议							

现场测试考核评价表

班级		姓名		学号		日期	年　月　日
序号	评价要点				配分	得分	总评
1	能正确填写钳工常用锯削工具清单				20		A（86~100） B（76~85） C（60~75） D（60 以下）
2	能正确填写钳工常用锯削工具种类				20		
3	能正确填写钳工常用锯削工具及名称				20		
4	能按企业工作要求请操作人员验收，并交付使用				10		
5	能按照 6S 管理要求清理场地				10		
6	能遵守劳动纪律，以积极的态度接受工作任务				5		
7	能积极参与小组讨论，团队间相互合作				10		
8	能及时完成老师布置的任务				5		
总分					100		
小结建议							

学习活动 3　钳工锯削操作方法及注意事项

1. 掌握锯条的安装方法。
2. 能正确夹持工件。
3. 查阅资料，会使用锯弓进行锯削操作。
4. 会根据不同材料要求正确选用锯条；懂得锯条折断、锯缝歪斜的原因。
5. 掌握锯削操作的注意事项。

学习过程

仔细查阅相关资料，通过练习，学会锯削操作方法；工作过程中严格遵守各项安全规程和注意事项，做到安全文明生产。随着学习活动的展开，逐项填写项目内容，完成学习任务。

一、锯削方法

（1）根据图 5-5 所示，描述锯条的安装方法。

____

____

____

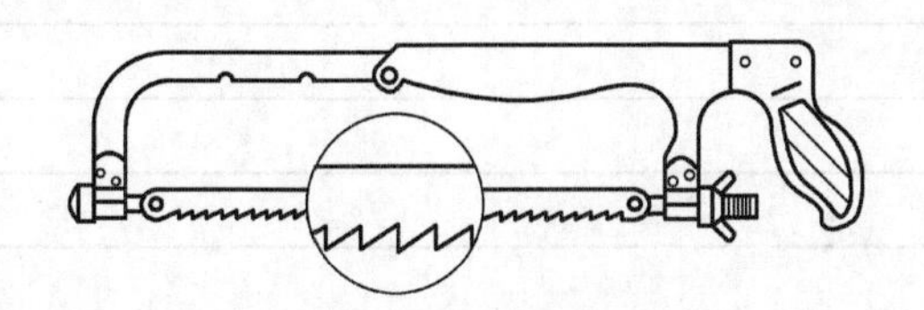

图 5-5　锯条的安装

（2）根据图 5-6 所示，描述工件的夹持方法。

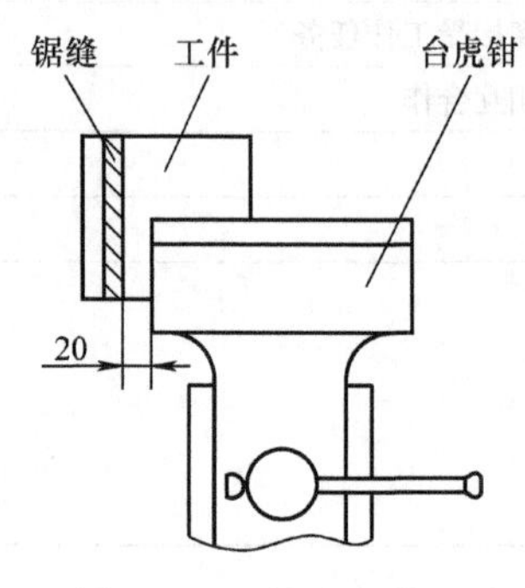

图 5-6 工件的夹持

（3）锯削要领。

1）根据图 5-7 所示，描述锯削时握锯的方法。

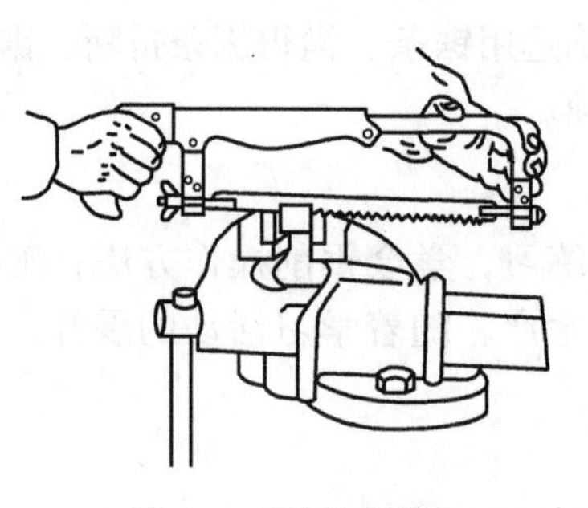

图 5-7 手锯的握法

2）根据图 5-8 所示，描述锯削站立位置和姿势。

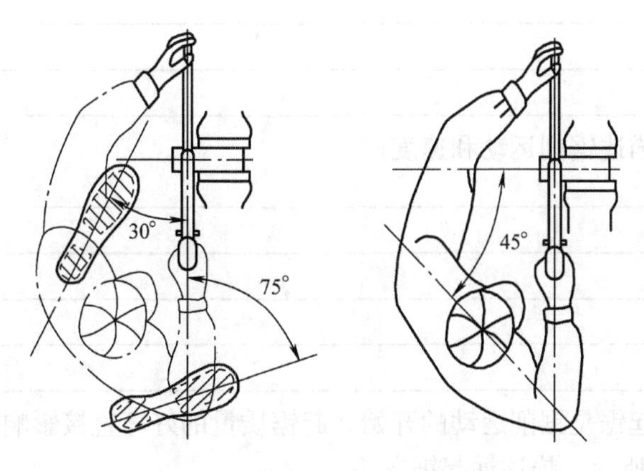

图 5-8　锯削站立位置和姿势

（4）根据图 5-9 所示，描述锯削操作动作。

1）____

____

____

2）____

____

____

3）____

____

____

4）____

____

____

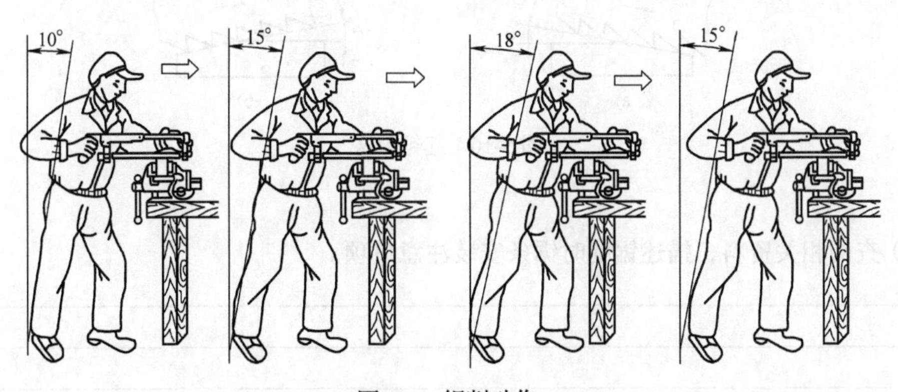

图 5-9　锯削动作

（5）查阅资料，描述锯削压力。

（6）查阅资料，描述锯削运动和速度。

（7）起锯方法。起锯是锯削运动的开始，起锯质量的好坏直接影响锯削质量。

1）根据图 5-10a 所示，描述远起锯方法。

2）根据图 5-10b 所示，描述近起锯方法。

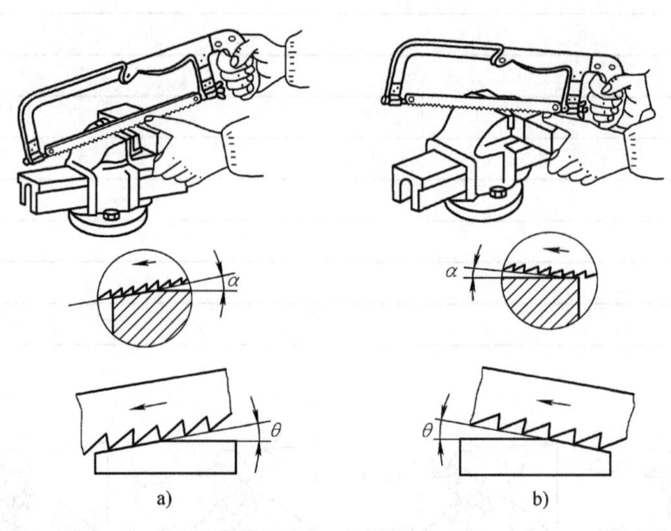

图 5-10　起锯方法

（8）查阅相关资料，描述锯削时锯条安装注意事项。

二、锯削时常见的质量问题及产生原因

查阅相关资料，分析锯削时锯条折断、锯缝歪斜的原因，正确填写下表。

锯削质量问题及产生原因

锯齿损坏及质量问题	产生原因

学习活动过程评价表

班级		姓名		学号		日期	年 月 日
评价内容（满分100分）				学生自评	同学互评	教师评价	总评
专业技能（60分）	工作页完成进度（30分）						A（86~100） B（76~85） C（60~75） D（60以下）
	对理论知识的掌握程度（10分）						
	理论知识的应用能力（10分）						
	改进能力（10分）						
综合素养（40分）	遵守现场操作的职业规范（10分）						
	信息获取的途径（10分）						
	按时完成学习和工作任务（10分）						
	团队合作精神（10分）						
总分							
综合得分（学生自评占10%、同学互评占10%、教师评价占80%）							
小结建议							

现场测试考核评价表

班级		姓名		学号		日期	年 月 日
序号	评价要点				配分	得分	总评
1	能正确填写钳工常用锯削工具清单				20		A（86~100） B（76~85） C（60~75） D（60 以下）
2	能正确填写锯削相关知识				20		
3	能正确填写锯削时锯削质量问题、产生原因				20		
4	能按企业工作要求请操作人员验收，并交付使用				10		
5	能按照 6S 管理要求清理场地				10		
6	能遵守劳动纪律，以积极的态度接受工作任务				5		
7	能积极参与小组讨论，团队间相互合作				10		
8	能及时完成老师布置的任务				5		
总分					100		
小结建议							

学习活动 4　作品展示、任务验收、交付使用

1. 能完成工作任务验收单的填写，明确验收要求。
2. 能按照企业工作制度请工作人员验收，交付使用。
3. 能按照企业要求进行 6S 管理。

学习过程

1. 根据任务要求，熟悉工作任务验收单格式，并完成验收单的填写工作。

工作任务验收单

任务名称	
任务实施单位	
任务时间节点	
验收日期	
验收项目及要求	
验收人	

2. 验收结束后，按照企业 6S 管理要求，整理现场，并完成下列表格的填写。

序号	名称	自我评价	做得较好的方面	做得不满意的方面	改进措施
1	整理				
2	整顿				
3	清扫				
4	清洁				
5	素养				
6	安全				

学习活动过程评价表

班级		姓名		学号		日期		年 月 日
评价内容（满分 100 分）					学生自评	同学互评	教师评价	总评
专业技能（60 分）	工作页完成进度（30 分）							A（86~100） B（76~85） C（60~75） D（60 以下）
	对理论知识的掌握程度（10 分）							
	理论知识的应用能力（10 分）							
	改进能力（10 分）							
综合素养（40 分）	遵守现场操作的职业规范（10 分）							
	信息获取的途径（10 分）							
	按时完成学习和工作任务（10 分）							
	团队合作精神（10 分）							
总分								
综合得分（学生自评占 10%、同学互评占 10%、教师评价占 80%）								
小结建议								

现场测试考核评价表

班级		姓名		学号		日期	年 月 日
序号	评价要点				配分	得分	总评
1	能正确填写验收单				15		A（86~100） B（76~85） C（60~75） D（60 以下）
2	能说出项目验收的要求				15		
3	能对钳工常用锯削工具进行分类和认识				15		
4	能填写钳工常用锯削工具名称、使用方法及注意事项				15		
5	能按企业工作制度请操作人员验收，并交付使用				10		
6	能按照 6S 管理要求清理场地				10		
7	能遵守劳动纪律，以积极的态度接受工作任务				5		
8	能积极参与小组讨论，团队间相互合作				10		
9	能及时完成老师布置的任务				5		
总分					100		
小结建议							

学习活动 5 工作总结与评价

学习目标

1. 能按分组情况，分别派代表展示工作成果，说明本次任务的完成情况，并作分析总结。
2. 能结合自身任务完成情况，正确规范撰写工作总结（心得体会）。
3. 能就本次任务中出现的问题，提出改进措施。
4. 能对学习与工作进行反思总结，并能与他人开展良好合作，进行有效的沟通。

学习过程

1. 展示评价（个人、小组评价）

每个人先在组内进行经验交流与成果展示，再由小组推荐代表作必要的介绍。在交流的过程中，以组为单位进行评价。评价完成后，根据其他组成员对本组设备安装调试的评价意见进行归纳总结。完成如下项目：

1）交流的结论是否符合生产实际？

符合□　　基本符合□　　不符合□

2）与其他组相比，本小组设计的安装工艺如何？

工艺优化□　　工艺合理□　　工艺一般□

3）本小组介绍经验时表达是否清晰？

很好□　　一般，常补充□　　不清楚□

4）本小组演示时，是否符合操作规程？

正确□　　部分正确□　　不正确□

5）本小组演示操作时遵循了 6S 的工作要求吗？

符合工作要求□　　忽略了部分要求□　　完全没有遵循□

6）本小组的成员团队创新精神如何？

良好□　　一般□　　不足□

2. 自评总结（心得体会）

____

____

____

____

3. 教师评价

1）找出各组的优点进行点评。

2）对展示过程中各组的缺点进行点评，提出改进方法。

3）对整个任务完成中出现的亮点和不足进行点评。

总体评价表

班级：　　　　　　　姓名：　　　　　　　学号：

<table>
<tr><td rowspan="3">项目</td><td colspan="3">自我评价</td><td colspan="3">小组评价</td><td colspan="3">教师评价</td></tr>
<tr><td>10~9</td><td>8~6</td><td>5~1</td><td>10~9</td><td>8~6</td><td>5~1</td><td>10~9</td><td>8~6</td><td>5~1</td></tr>
<tr><td colspan="3">占总评 10%</td><td colspan="3">占总评 30%</td><td colspan="3">占总评 60%</td></tr>
<tr><td>学习活动 1</td><td></td><td></td><td></td><td></td><td></td><td></td><td></td><td></td><td></td></tr>
<tr><td>学习活动 2</td><td></td><td></td><td></td><td></td><td></td><td></td><td></td><td></td><td></td></tr>
<tr><td>学习活动 3</td><td></td><td></td><td></td><td></td><td></td><td></td><td></td><td></td><td></td></tr>
<tr><td>学习活动 4</td><td></td><td></td><td></td><td></td><td></td><td></td><td></td><td></td><td></td></tr>
<tr><td>协作精神</td><td></td><td></td><td></td><td></td><td></td><td></td><td></td><td></td><td></td></tr>
<tr><td>纪律观念</td><td></td><td></td><td></td><td></td><td></td><td></td><td></td><td></td><td></td></tr>
<tr><td>表达能力</td><td></td><td></td><td></td><td></td><td></td><td></td><td></td><td></td><td></td></tr>
<tr><td>工作态度</td><td></td><td></td><td></td><td></td><td></td><td></td><td></td><td></td><td></td></tr>
<tr><td>安全意识</td><td></td><td></td><td></td><td></td><td></td><td></td><td></td><td></td><td></td></tr>
<tr><td>任务总体表现</td><td></td><td></td><td></td><td></td><td></td><td></td><td></td><td></td><td></td></tr>
<tr><td>小计</td><td colspan="3"></td><td colspan="3"></td><td colspan="3"></td></tr>
<tr><td>总评</td><td colspan="9"></td></tr>
</table>

5.3　学习任务应知应会考核

1. 填空题

1）锯削是利用________对材料或工件进行切断或________等操作的加工方法。

2）锯削运动主要有________和________两种。

3）手工锯削所使用的工具是手锯，它由________和________两部分组成。

4）锯条安装应使齿尖的方向________，如果装反，则不能正常锯削。

2. 简答题

1）什么叫锯削加工？锯削加工的作用有哪些？

2）锯条的规格以什么来表示？常用的是哪一种规格？

3）什么是锯路？锯路的作用是什么？

3. 技能题

按图 5-11 所示图样锯削 L 块。

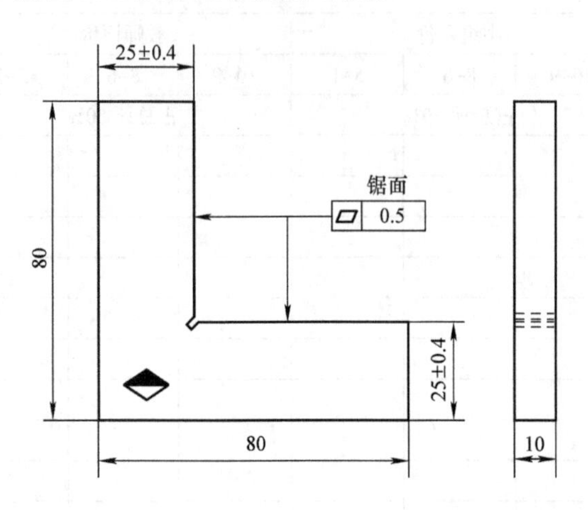

技术要求

1. 加工工件的材料采用 80mm×80mm×10mm 的板料，锯削余量留待下次加工使用。
2. 锯削面一次完成，不得靠锯、修锯，除锯面外其余表面不需加工。
3. 工艺槽尺寸为 1mm×2mm×45°。
4. ◆为打学号处。

图 5-11　锯削零件

任务6　锉削——L 块锉削

6.1　学习任务要求

6.1.1　知识目标

1. 熟悉锉削的作用。
2. 熟悉锉刀的种类及规格。
3. 掌握锉刀的握法。
4. 熟悉平面锉削不平的原因。
5. 掌握锉削姿势及要领。
6. 掌握平面锉削和曲面锉削方法。

6.1.2　素质目标

1. 遵守现场操作的职业规范，具备安全、整洁、规范实施工作任务的能力。
2. 具有良好的职业道德、职业责任感和不断学习的精神。
3. 具有不断开拓创新的意识。
4. 以积极的态度对待训练任务，具有团队交流和协作能力。

6.1.3　能力目标

1. 认知钳工加工锉削过程，认识锉削工具的种类、规格及使用特点。
2. 能正确选用锉刀进行长方体锉削。
3. 能正确使用游标卡尺、刀口形直角尺对长方体进行检测，并准确记录测量结果。
4. 能按照企业工作制度请操作人员验收，交付使用，并填写工作记录。
5. 能按 6S 要求，整理场地，归置物品，并按照环保规定处置废弃物。
6. 能写出完成此项任务的工作小结。

6.2　工作页

6.2.1　工作任务情景描述

锉削是钳工重要的基本操作。学生通过现场参观钳工工作场地，感知钳工工作过程，认知钳工锉削过程。通过锉削训练（见图 6-1），领会锉刀的握法、锉削站立姿势和动作要领。锉削技能的高低往往是衡量一个钳工技能水平高低的重要标志。正确的锉削姿势是掌握锉削技能的基础，初次练习时，会出现各种不正确的姿势，特别是身体和动作不协调，一定要及时纠正，还要不断体会两手用力的变化。工作过程中严格遵守各项安全操作规程和注意事项，做到安全文明生产。同时，会使用游标卡尺、刀口形直角尺，不断提高测量的正确性。

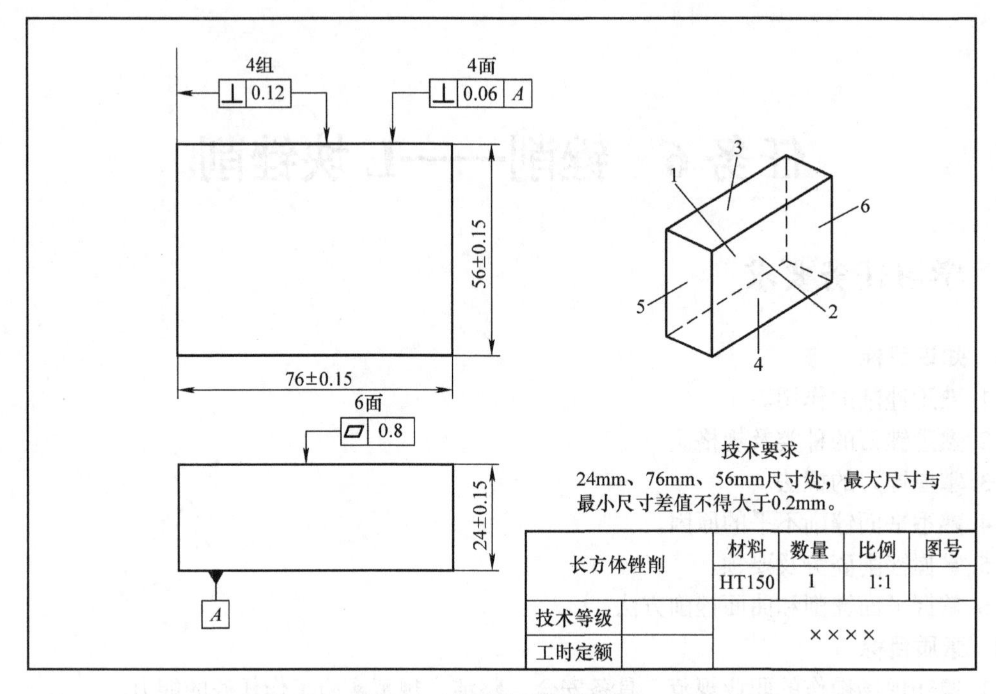

图 6-1 长方体锉削练习图

6.2.2 工作流程与学习活动

小组成员在接到任务后，到现场与操作人员沟通，认真观察钳工工作场地，查阅钳工锉削操作方法的相关资料后，进行任务分工安排，制订工作流程和步骤，做好准备工作。在工作过程中，认真记录和抄写钳工锉削时锉刀的握法、锉削站立姿势和动作要领，能正确选用锉刀进行长方体锉削。会分析平面锉削不平的原因，在工作过程中严格遵守安全操作规程，按照现场管理规范清理场地、归置物品，并按照环保规定处置废弃物，做到安全文明生产。工作完成后，请指导教师验收，最后撰写工作小结，小组成员进行经验交流。

学习活动 1 接受工作任务、制订工作计划

学习活动 2 认知钳工锉削工具

学习活动 3 钳工锉削操作方法及注意事项

学习活动 4 作品展示、任务验收、交付使用

学习活动 5 工作总结与评价

学习活动 1 接受工作任务、制订工作计划

学习目标

1. 能识读生产派工单，接受工作任务，明确任务要求。
2. 查阅资料，能说出钳工锉削工具名称、种类、用途。
3. 查阅资料，正确使用钳工锉削工具。
4. 会制订工作计划。

学习过程

1. 仔细阅读下面的生产派工单，按照生产派工单提供的基本信息，查阅相关资料，明确工作任务的内容和要求。随着学习活动的展开，逐项填写生产派工单中的空白项目内容，完成学习任务。

生产派工单

单号： 开单部门： 开单人：

开单时间： 年 月 日 时 分 接单人： 部 小组

（签名）

<table>
<tr><td colspan="5">以下由开单人填写</td></tr>
<tr><td>产品名称</td><td colspan="2"></td><td>完成工时</td><td>工时</td></tr>
<tr><td>产品技术要求</td><td colspan="4"></td></tr>
<tr><td colspan="5">以下由接单人和确认方填写</td></tr>
<tr><td>领取材料（含消耗品）</td><td colspan="2"></td><td rowspan="2">成本核算</td><td rowspan="2">金额合计：
仓管员（签名）
年 月 日</td></tr>
<tr><td>领用工具</td><td colspan="2"></td></tr>
<tr><td>操作者检测</td><td colspan="2"></td><td colspan="2">（签名）
年 月 日</td></tr>
<tr><td>班组检测</td><td colspan="2"></td><td colspan="2">（签名）
年 月 日</td></tr>
<tr><td>质检员检测</td><td colspan="2"></td><td colspan="2">（签名）
年 月 日</td></tr>
<tr><td rowspan="4">生产数量统计</td><td>合格</td><td colspan="3"></td></tr>
<tr><td>不良</td><td colspan="3"></td></tr>
<tr><td>返修</td><td colspan="3"></td></tr>
<tr><td>报废</td><td colspan="3"></td></tr>
</table>

统计： 审核： 批准：

2. 根据任务要求，对现有小组成员进行合理分工，并填写分工表。

序号	组员姓名	任务分工	备注

3. 查阅资料，小组讨论并制订钳工锉削工作计划。

序号	工作内容	完成时间	工作要求	备注
1	接受生产派工单		认真识读生产派工单，明确任务要求	

活动过程评价自评表

班级	姓名　　　　学号		日期	年　月　日		
评价指标	评价要素	权重	等级评定			
			A	B	C	D
信息检索	能够有效利用网络资源、工作手册查找有效信息	5%				
	能够用自己的语言有条理地去解释、表述所学知识	5%				
	能够将查找到的信息有效转换到工作中	5%				
感知工作	能够熟悉工作岗位，认同工作价值	5%				
	在工作中，能够获得满足感	5%				
参与状态	与教师、同学之间能够相互尊重、理解、平等对待	5%				
	与教师、同学之间能够保持多向、丰富、适宜的信息交流	5%				
	探究学习，自主学习不流于形式，处理好合作学习和独立思考的关系，做到有效学习	5%				
	能够提出有意义的问题或能发表个人见解；能够按要求正确操作；能够倾听、协作、分享	5%				
	积极参与，在产品加工过程中不断学习，综合运用信息技术的能力提高很大	5%				
学习方法	工作计划、操作技能符合规范要求	5%				
	能够获得进一步发展的能力	5%				
工作过程	遵守管理规程，操作过程符合现场管理要求	5%				
	平时上课的出勤情况和每天完成工作任务情况	5%				
	善于多角度思考问题，能够主动发现、提出有价值的问题	5%				
思维状态	能够发现问题、提出问题、分析问题、解决问题	5%				
自评反馈	按时按质完成工作任务	5%				
	较好地掌握专业知识点	5%				
	具有较强的信息分析能力和理解能力	5%				
	具有较为全面严谨的思维能力并能够条理明晰表述成文	5%				
自评等级						
有益的经验和做法						
总结反思建议						

等级评定：A：好；B：较好；C：一般；D：有待提高。

学习活动 2　认知钳工锉削工具

学习目标

1. 掌握锉削的概念及作用。
2. 能识读钳工常用锉削工具。
3. 查阅资料，写出钳工锉削工具的名称。

仔细查阅相关资料，描述锉削的概念及作用，写出钳工锉削工具的名称。随着学习活动的展开，逐项填写项目内容，完成学习任务。

一、锉削概述

1. 查阅资料，描述锉削的概念。

2. 查阅资料，写出钳工锉削的作用。

二、锉削工具（锉刀）

1. 锉刀的结构

锉刀是锉削的主要工具。锉刀是用高碳工具钢 T12、T13 制成的，经热处理淬火，硬度可达到 62HRC 以上。目前，锉刀已经标准化。锉刀的结构如图 6-2 所示。

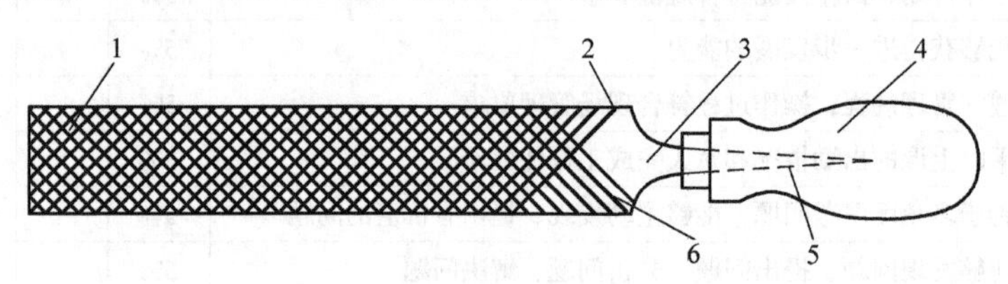

图 6-2 锉刀的结构

根据锉刀的结构示意图，描述锉刀由哪些部分组成？

2. 锉刀的种类和规格

（1）根据图 6-3 所示的锉刀的锉纹示意图，锉纹有________和________两种。

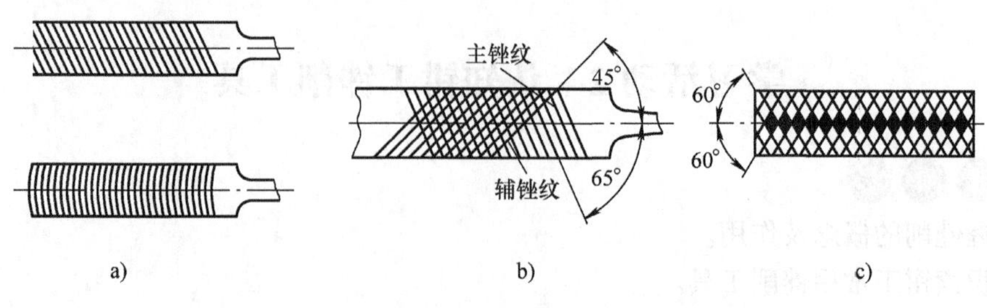

图 6-3 锉刀的锉纹

（2）查阅资料，填写锉刀的种类和规格。

1）钳工所用的锉刀按用途不同，可分为________、________和________三类。

2）根据图 6-4 所示，普通钳工锉按断面形状不同，可分为：________（图 6-4a）、________（图 6-4b）、________（图 6-4c）、________（图 6-4d）、________（图 6-4e）。

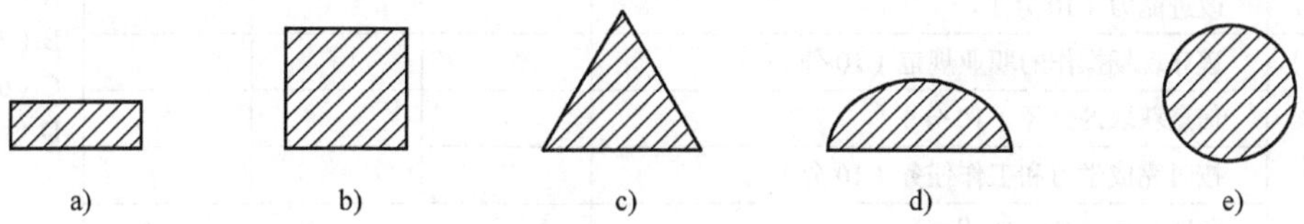

图 6-4　普通钳工锉

3）根据图 6-5 所示，异形锉是用来锉削工件特殊表面用的，其种类主要有________（图 6-5a）、________（图 6-5b）、________（图 6-5c）、________（图 6-5d）、________（图 6-5e）。

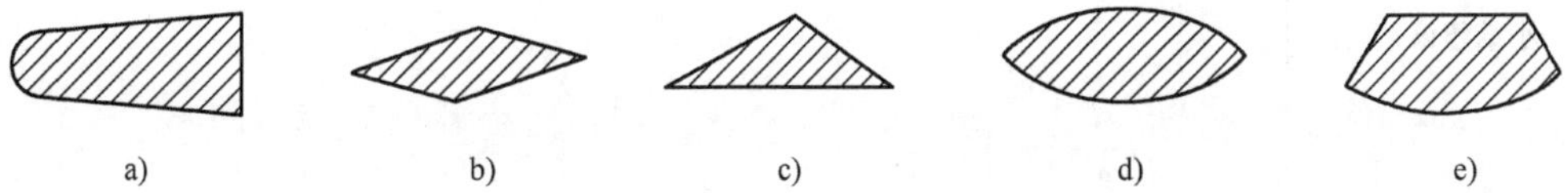

图 6-5　异形锉刀的断截面图

（3）锉刀的规格分尺寸规格和粗细规格。锉齿的粗细规格以锉刀每 10mm 轴向长度内的主锉纹条数来表示。锉刀的尺寸规格除方锉以方形尺寸，圆锉以直径表示外，其余锉刀均以锉身长度来表示。常用的锉刀规格有________mm、________mm、________mm、________mm、________mm、________mm、________mm、________mm。

（4）查阅资料，描述锉刀的选择要求。

1）锉刀断面形状的选择。

____

____

____

____

2）锉刀锉纹类型的选择。

____

____

____

3）锉刀锉纹尺寸规格的选择。

____

____

____

学习活动过程评价表

班级		姓名		学号	日期	年 月 日
评价内容（满分100分）			学生自评	同学互评	教师评价	总评
专业技能（60分）	工作页完成进度（30分）					A（86~100） B（76~85） C（60~75） D（60以下）
	对理论知识的掌握程度（10分）					
	理论知识的应用能力（10分）					
	改进能力（10分）					
综合素养（40分）	遵守现场操作的职业规范（10分）					
	信息获取的途径（10分）					
	按时完成学习和工作任务（10分）					
	团队合作精神（10分）					
总分						
综合得分 （学生自评占10%、同学互评占10%、教师评价占80%）						
小结建议						

现场测试考核评价表

班级		姓名		学号		日期	年 月 日
序号	评价要点				配分	得分	总评
1	能正确填写钳工常用锉削工具清单				20		A（86~100） B（76~85） C（60~75） D（60以下）
2	能正确填写钳工常用锉削工具种类				20		
3	能正确填写钳工常用锉削工具及名称				20		
4	能按企业工作要求请操作人员验收，并交付使用				10		
5	能按照6S管理要求清理场地				10		
6	能遵守劳动纪律，以积极的态度接受工作任务				5		
7	能积极参与小组讨论，团队间相互合作				10		
8	能及时完成老师布置的任务				5		
总分					100		
小结建议							

学习活动 3　钳工锉削操作方法及注意事项

学习目标

1. 掌握锉刀的安装方法。
2. 能正确夹持工件。
3. 查阅资料，会使用锉刀进行锉削操作。
4. 会根据不同材料要求正确选用锉刀，会分析锉削平面不平的形式及原因。
5. 掌握锉削操作注意事项。

学习过程

仔细查阅相关资料，领会钳工锉削操作方法和注意事项，工作过程严格遵守各项安全操作规程。随着学习活动的展开，逐项填写项目内容，做到安全文明生产，完成学习任务。

一、锉削准备

1. 锉刀的安装

根据图 6-6 所示，描述锉刀的安装方法。

____

____

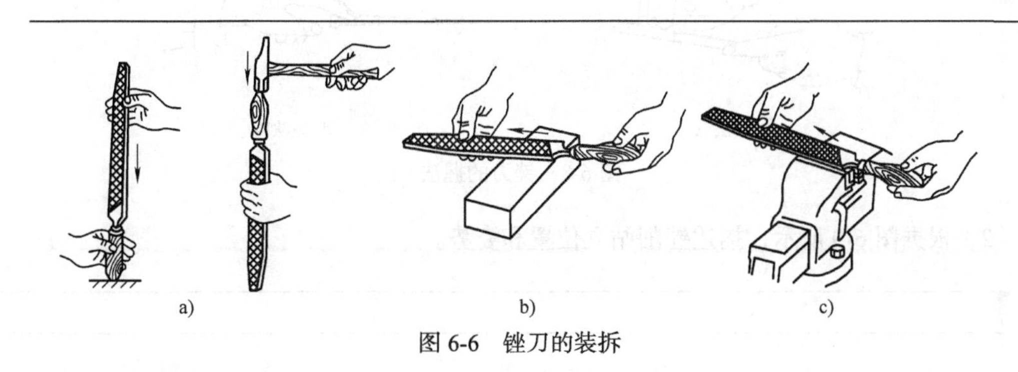

图 6-6　锉刀的装拆

2. 工件的夹持

根据图 6-7 所示，描述锉削时工件的夹持方法。

____

____

____

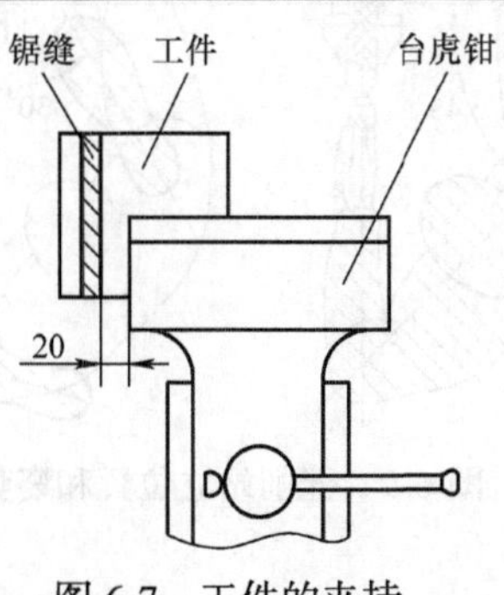

图 6-7　工件的夹持

3. 锉削要领

（1）根据图 6-8 所示，描述锉削时锉刀的握法。

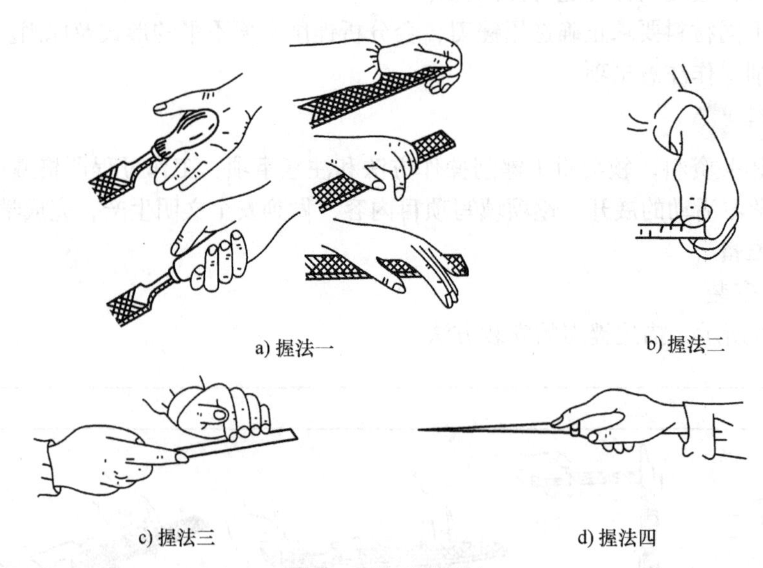

图 6-8 锉刀的握法

（2）根据图 6-9 所示，描述锉削站立位置和姿势。

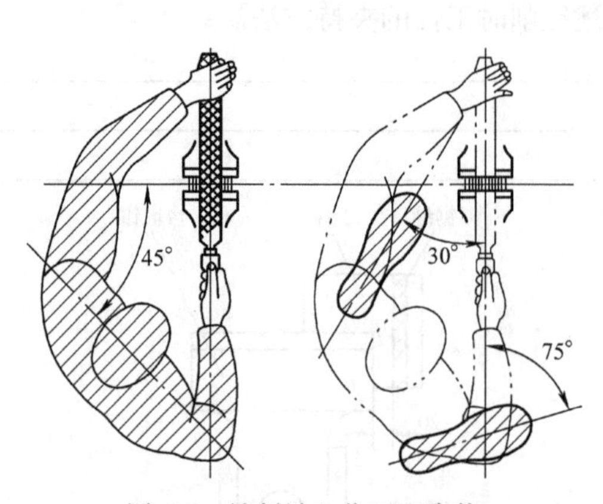

图 6-9 锉削站立位置和姿势

（3）根据图6-10所示，描述锉削动作姿势。

1）____

____

____

2）____

____

____

3）____

____

____

4）____

____

____

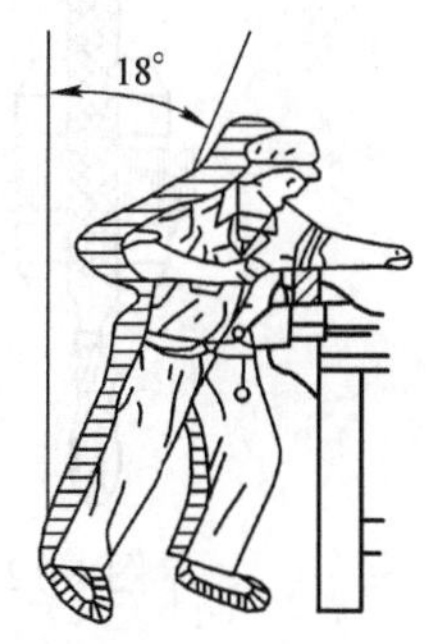

图6-10　锉削动作姿势

（4）根据图6-11所示，描述锉削力和锉削速度。

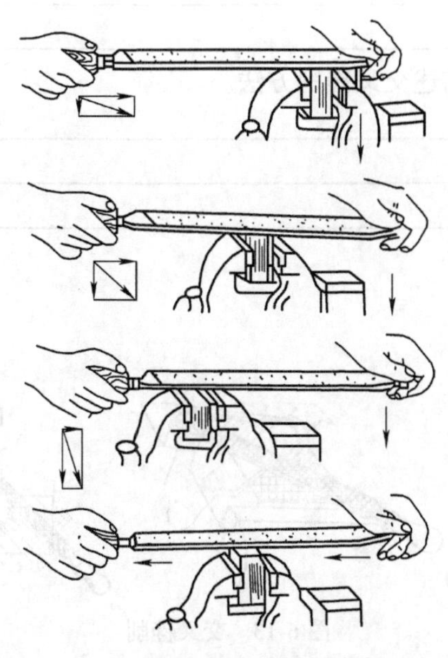

图6-11　锉削力和锉削速度

1）锉削力____

2）锉削速度____

二、锉削方法

1. 平面锉削

平面锉削是最基本的锉削方法。常用的锉削方法有顺向锉削、交叉锉削和推锉削三种。

1）根据图 6-12 所示，描述顺向锉削方法。

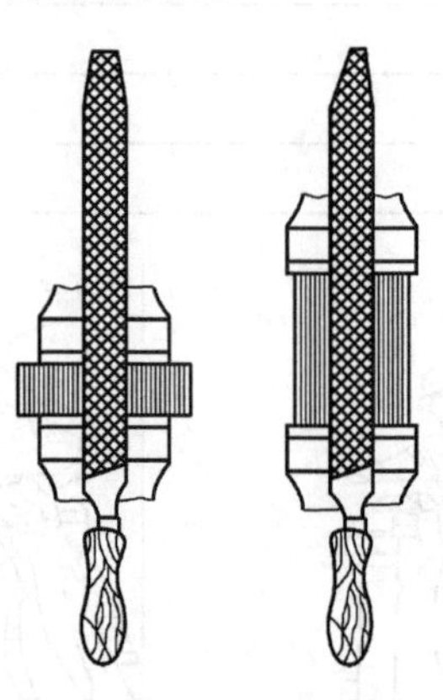

图 6-12　顺向锉削

2）根据图 6-13 所示，描述交叉锉削方法。

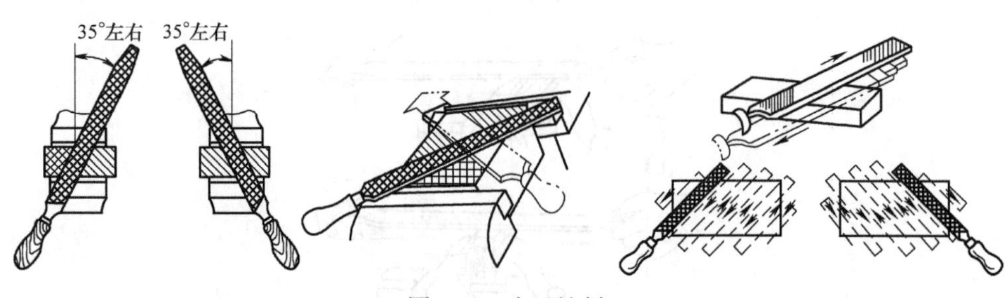

图 6-13　交叉锉削

3）根据图 6-14 所示，描述推锉削方法。

____

____

____

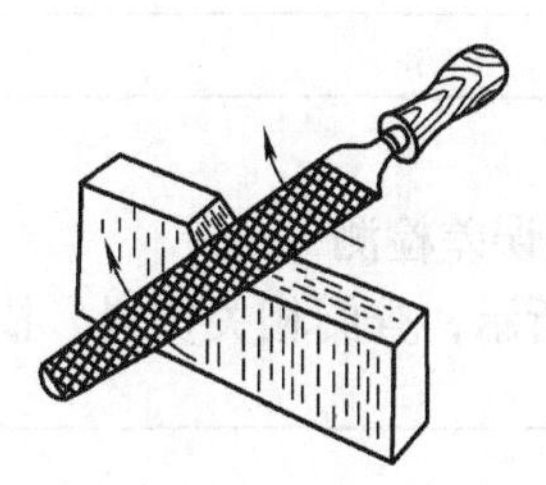

图 6-14　推锉削

2. 曲面锉削

1）根据图 6-15 所示，描述曲面外圆弧面的锉削方法。

____

____

____

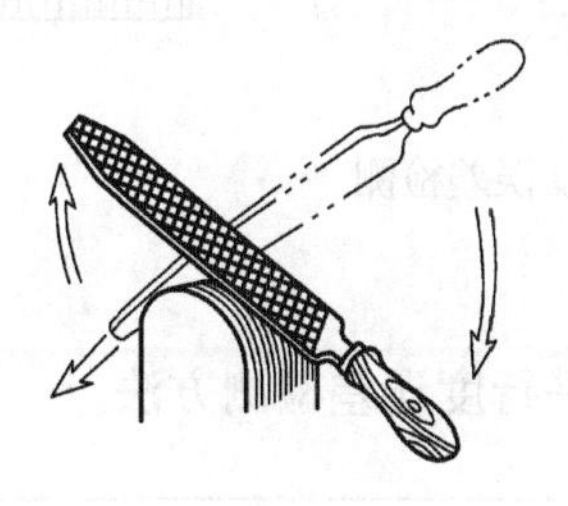
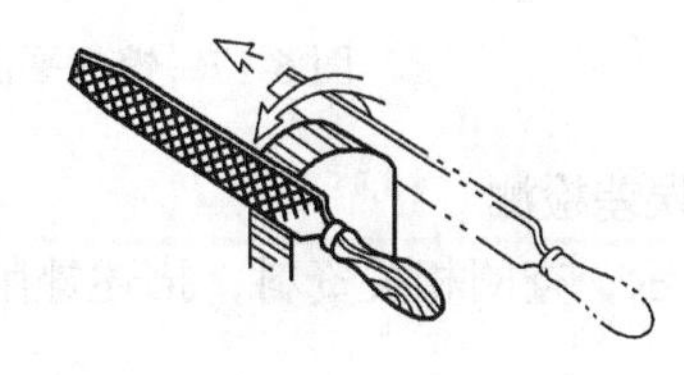

图 6-15　曲面外圆弧面锉削

2）根据图 6-16 所示，描述曲面内圆弧面的锉削方法。

____

____

____

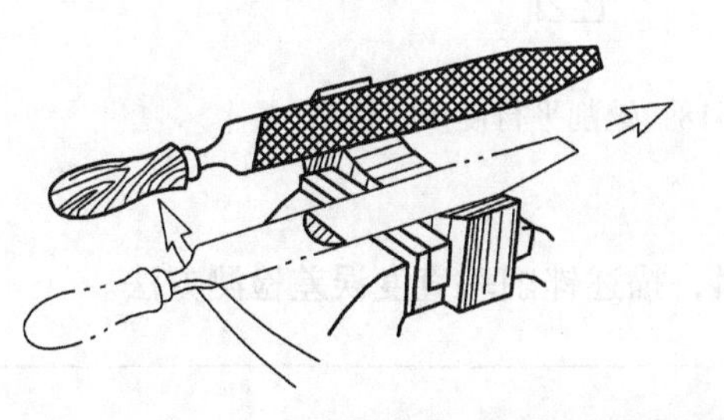

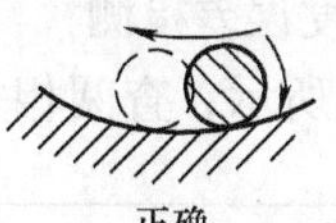

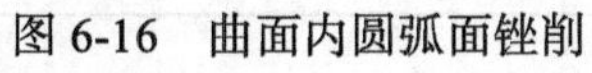

图 6-16　曲面内圆弧面锉削

三、锉削注意事项

查阅锉削操作相关资料，描述锉削时的注意事项。

四、锉削检验

1. 锉削平面度误差检测

根据图 6-17 所示，查阅相关资料，描述锉削平面度误差检测方法。

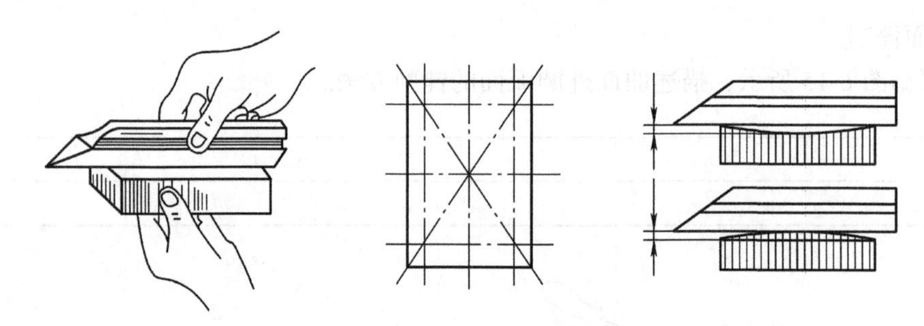

图 6-17　锉削平面度误差检测

2. 锉削平行度误差检测

根据图 6-18 所示，查阅相关资料，描述锉削平行度误差检测方法。

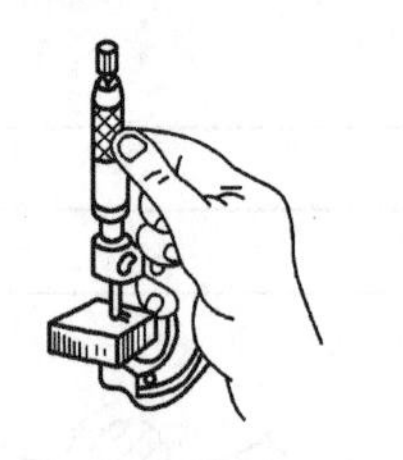

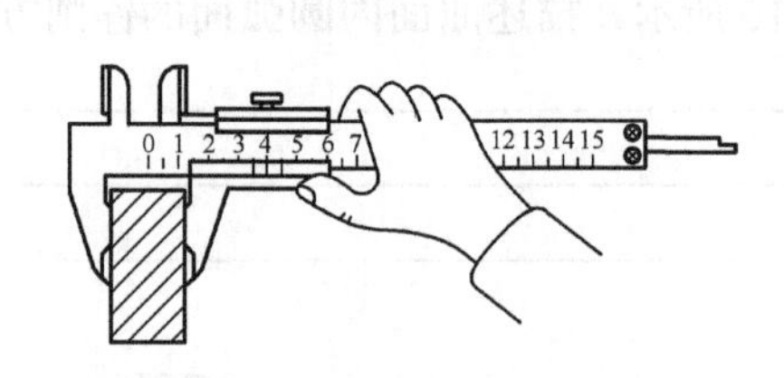

图 6-18　锉削平行度误差检测

3. 锉削垂直度误差检测

根据图 6-19 所示，查阅相关资料，描述锉削垂直度误差检测方法。

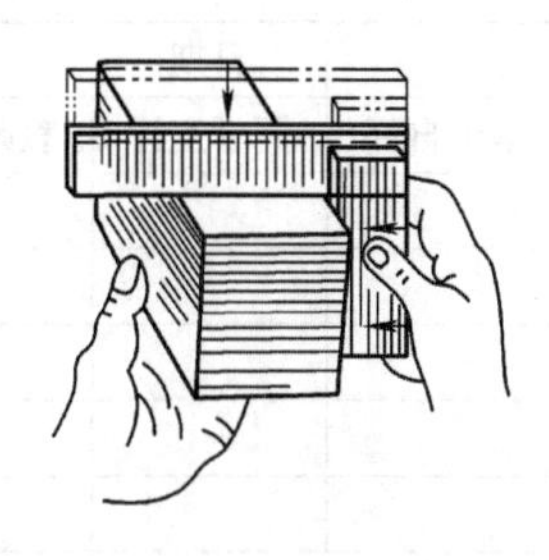
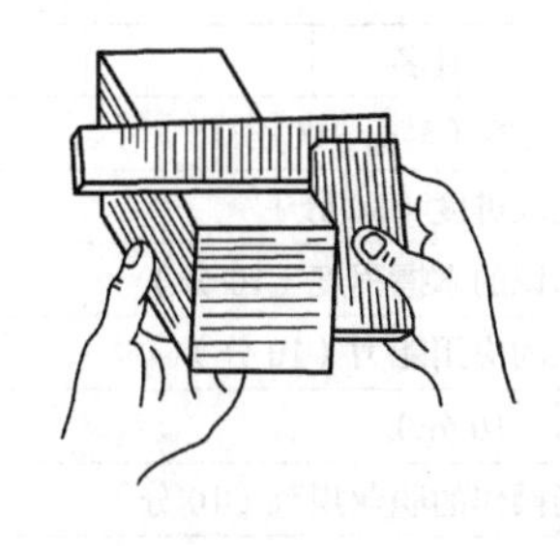

图 6-19　锉削垂直度误差检测

4. 锉削内、外圆弧面及球面误差检测

根据图 6-20 所示，查阅相关资料，描述锉削内、外圆弧面及球面误差检测方法。

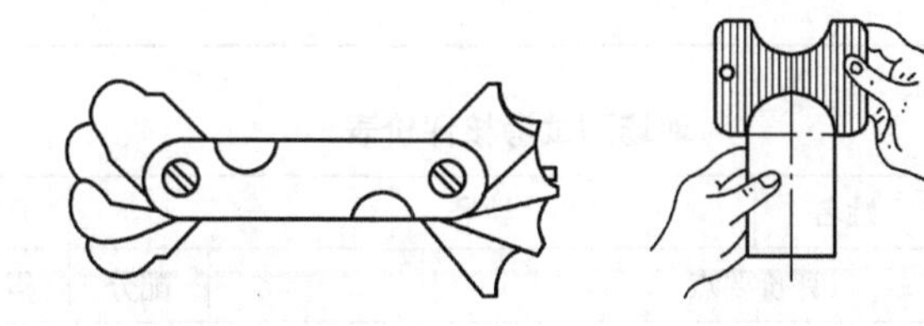

图 6-20　锉削内、外圆弧面及球面误差检测

五、锉削时常见的质量问题及产生原因

查阅相关资料，会分析锉削时平面不平的形式及产生原因，正确填写表 6-1。

表 6-1　锉削平面不平的形式及产生原因

锉削平面不平的形式	产生原因

学习活动过程评价表

班级		姓名		学号		日期	年　月　日
评价内容（满分 100 分）					学生自评	同学互评	教师评价	总评
专业技能（60 分）	工作页完成进度（30 分）							A（86 ~ 100） B（76 ~ 85） C（60 ~ 75） D（60 以下）
	对理论知识的掌握程度（10 分）							
	理论知识的应用能力（10 分）							
	改进能力（10 分）							
综合素养（40 分）	遵守现场操作的职业规范（10 分）							
	信息获取的途径（10 分）							
	按时完成学习和工作任务（10 分）							
	团队合作精神（10 分）							
总分								
综合得分 （学生自评占 10%、同学互评占 10%、教师评价占 80%）								
小结建议								

现场测试考核评价表

班级		姓名		学号		日期	年　月　日
序号	评价要点				配分	得分	总评
1	能正确填写钳工常用锉削工具清单				20		A（86 ~ 100） B（76 ~ 85） C（60 ~ 75） D（60 以下）
2	能正确填写锉削相关知识				20		
3	能正确填写锉削时锉削平面不平的形式及产生原因相关知识				20		
4	能按企业工作要求请操作人员验收，并交付使用				10		
5	能按照 6S 管理要求清理场地				10		
6	能遵守劳动纪律，以积极的态度接受工作任务				5		
7	能积极参与小组讨论，团队间相互合作				10		
8	能及时完成老师布置的任务				5		
总分					100		
小结建议							

学习活动 4 作品展示、任务验收、交付使用

学习目标

1. 能完成工作任务验收单的填写，明确验收要求。
2. 能按照企业工作制度请工作人员验收，交付使用。
3. 能按照企业要求进行 6S 管理。

学习过程

1. 根据任务要求，熟悉工作任务验收单格式，并完成验收单的填写工作。

工作任务验收单	
任务名称	
任务实施单位	
任务时间节点	
验收日期	
验收项目及要求	
验收人	

2. 验收结束后，按照企业 6S 管理要求，整理现场，并完成下列表格的填写。

序号	名称	自我评价	做得较好的方面	做得不满意的方面	改进措施
1	整理				
2	整顿				
3	清扫				
4	清洁				
5	素养				
6	安全				

学习活动过程评价表

班级		姓名	学号	日期	年 月 日
评价内容（满分 100 分）		学生自评	同学互评	教师评价	总评
专业技能（60 分）	工作页完成进度（30 分）				A（86~100） B（76~85） C（60~75） D（60 以下）
	对理论知识的掌握程度（10 分）				
	理论知识的应用能力（10 分）				
	改进能力（10 分）				
综合素养（40 分）	遵守现场操作的职业规范（10 分）				
	信息获取的途径（10 分）				
	按时完成学习和工作任务（10 分）				
	团队合作精神（10 分）				
总分					
综合得分 （学生自评占 10%、同学互评占 10%、教师评价占 80%）					
小结建议					

现场测试考核评价表

<table>
<tr><td>班级</td><td></td><td>姓名</td><td></td><td>学号</td><td></td><td>日期</td><td>年 月 日</td></tr>
<tr><td>序号</td><td colspan="5">评价要点</td><td>配分</td><td>得分</td><td>总评</td></tr>
<tr><td>1</td><td colspan="5">能正确填写验收单</td><td>15</td><td></td><td rowspan="10">A（86~100）
B（76~85）
C（60~75）
D（60 以下）</td></tr>
<tr><td>2</td><td colspan="5">能说出项目验收的要求</td><td>15</td><td></td></tr>
<tr><td>3</td><td colspan="5">能对钳工常用锉削工具进行分类和认识</td><td>15</td><td></td></tr>
<tr><td>4</td><td colspan="5">能填写钳工常用锉削工具名称、使用方法及注意事项</td><td>15</td><td></td></tr>
<tr><td>5</td><td colspan="5">能按企业工作制度请操作人员验收，并交付使用</td><td>10</td><td></td></tr>
<tr><td>6</td><td colspan="5">能按照 6S 管理要求清理场地</td><td>10</td><td></td></tr>
<tr><td>7</td><td colspan="5">能遵守劳动纪律，以积极的态度接受工作任务</td><td>5</td><td></td></tr>
<tr><td>8</td><td colspan="5">能积极参与小组讨论，团队间相互合作</td><td>10</td><td></td></tr>
<tr><td>9</td><td colspan="5">能及时完成老师布置的任务</td><td>5</td><td></td></tr>
<tr><td colspan="6">总分</td><td>100</td><td></td></tr>
<tr><td>小结建议</td><td colspan="8"></td></tr>
</table>

学习活动 5　工作总结与评价

1. 能按分组情况，分别派代表展示工作成果，说明本次任务的完成情况，并作分析总结。

2. 能结合自身任务完成情况，正确规范撰写工作总结（心得体会）。

3. 能就本次任务中出现的问题，提出改进措施。

4. 能对学习与工作进行反思总结，并能与他人开展良好合作，进行有效的沟通。

学习过程

1. 展示评价（个人、小组评价）

每个人先在组里进行经验交流与成果展示，再由小组推荐代表作必要的介绍。在交流的过程中，以组为单位进行评价。评价完成后，根据其他组成员对本组设备安装调试的评价意见进行归纳总结。完成如下项目：

1）交流的结论是否符合生产实际？

符合□　　基本符合□　　不符合□

2）与其他组相比，本小组设计的工艺如何？

工艺优化□　　工艺合理□　　工艺一般□

3）本小组介绍经验时表达是否清晰？

很好□　　一般，常补充□　　不清楚□

4）本小组演示时，是否符合操作规程？

正确□　　部分正确□　　不正确□

5）本小组演示操作时遵循了 6S 的工作要求吗？

符合工作要求□　　忽略了部分要求□　　完全没有遵循□

6）本小组的成员团队创新精神如何？

良好□　　　　　　　　一般□　　　　　　　　不足□

2. 自评总结（心得体会）

____

____

____

____

____

3. 教师评价

1）找出各组的优点进行点评。

2）对展示过程中各组的缺点进行点评，提出改进方法。

3）对整个任务完成中出现的亮点和不足进行点评。

总体评价表

班级：　　　　　　　姓名：　　　　　　　学号：

项目	自我评价			小组评价			教师评价		
	10~9	8~6	5~1	10~9	8~6	5~1	10~9	8~6	5~1
	占总评 10%			占总评 30%			占总评 60%		
学习活动 1									
学习活动 2									
学习活动 3									
学习活动 4									
协作精神									
纪律观念									
表达能力									
工作态度									
安全意识									
任务总体表现									
小计									
总评									

6.3 学习任务应知应会考核

1. 填空题

1）锉削是利用________对工件进行切削加工的方法。

2）锉刀按用途不同，可分为有________、________和________三种；按规格分为锉刀的________和锉齿的________规格。

3）锉刀用________钢制成，经热处理后切削硬度达________HRC。齿纹有________齿纹和________齿纹两种。锉齿的粗细规格是以每10mm轴向长度内的________来表示。

2. 简答题

1）怎样合理维护和保养锉刀？

2）平面锉削有几种锉削方法？各自的使用范围是什么？

3. 技能题

根据图6-21所示锉削L块。

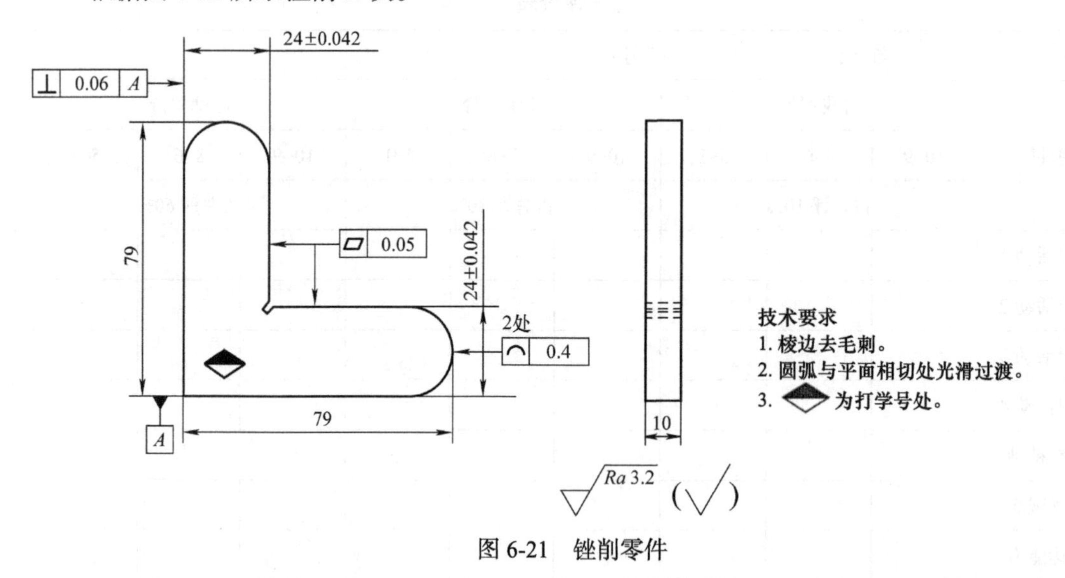

图6-21 锉削零件

任务7　孔与螺纹加工——U形板制作

7.1　学习任务要求

7.1.1　知识目标

1. 熟悉钻孔与螺纹加工。
2. 熟悉麻花钻和丝锥的结构。
3. 熟悉麻花钻切削部分的组成。
4. 熟悉标准麻花钻的切削角度。
5. 熟悉标准麻花钻的修磨。
6. 熟悉孔加工和攻螺纹常见缺陷及防止方法。
7. 掌握标准麻花钻的刃磨方法。
8. 掌握孔与螺纹加工的操作及安全知识。

7.1.2　素质目标

1. 遵守现场操作的职业规范，具备安全、整洁、规范实施工作任务的能力。
2. 具有良好的职业道德、职业责任感和不断学习的精神。
3. 具有不断开拓创新的意识。
4. 以积极的态度对待训练任务，具有团队交流和协作能力。

7.1.3　能力目标

1. 认知孔与螺纹的加工过程，认识孔与螺纹加工特点，能规范使用钻床。
2. 能正确选用孔与螺纹加工工具进行U形板制作（见图7-1）。
3. 会刃磨麻花钻，合理选择孔与螺纹加工工具进行孔系加工，并能正确保养钻床。
4. 能正确使用游标卡尺、刀口形直角尺、螺纹环规对加工孔系进行检测，并准确记录测量结果。
5. 能按照企业工作制度请操作人员验收，并交付使用，然后填写加工记录。
6. 能按6S要求，整理场地，归置物品，并按照环保规定处置废弃物。
7. 能写出完成此项任务的工作小结。

7.2　工作页

7.2.1　工作任务情景描述

孔和螺纹加工是钳工的重要操作技能之一。孔加工的方法主要有两类：一类是在实体工件上加工出孔，即用麻花钻、中心钻等进行钻孔；另一类是对已有孔进行再加工，即用扩孔钻、锪孔钻或铰刀进行扩孔、锪孔、铰孔等。学生通过现场参观钳工工作场地，感知钳工工作过程，认知孔与螺纹加工过程。

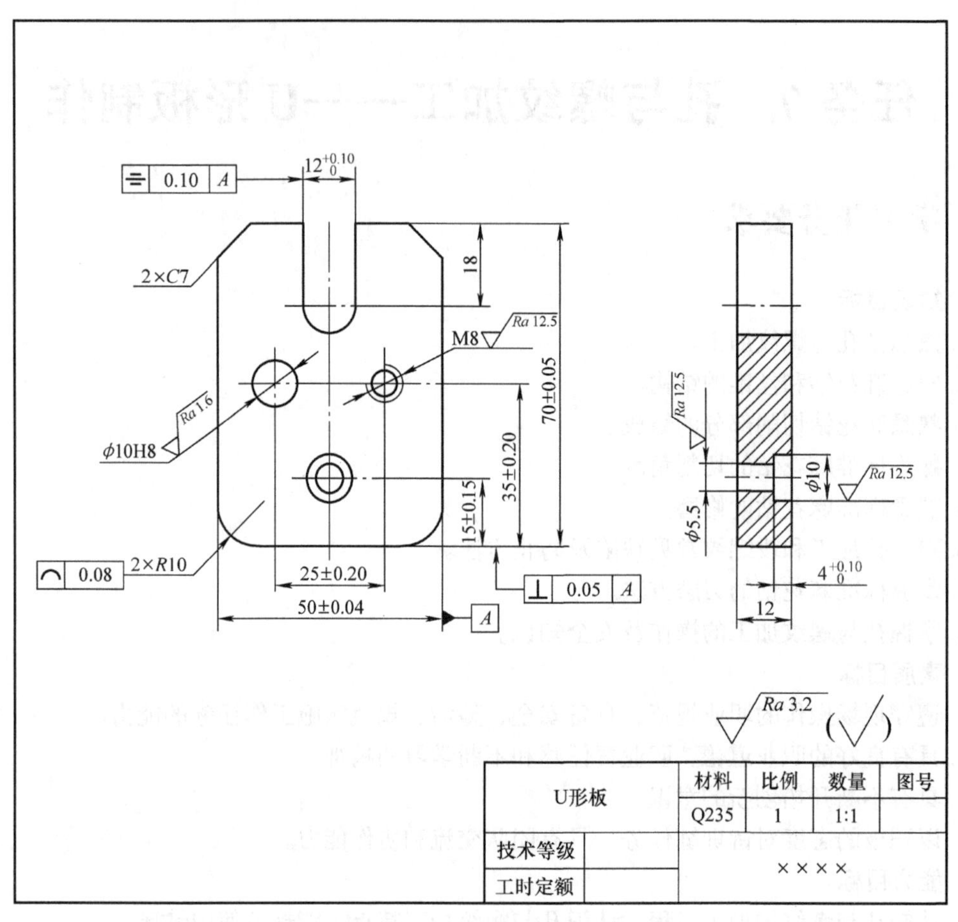

图 7-1 U 形板制作练习图

7.2.2 工作流程与学习活动

小组成员在接到任务后，到现场与操作人员沟通，认真观察钳工工作场地，查阅孔与螺纹加工过程的相关资料后，进行任务分工安排，制订工作流程和步骤，做好准备工作。在工作过程中，认真记录和抄写孔与螺纹加工过程操作要领，能正确选用孔与螺纹加工工具；会标准麻花钻的刃磨方法；会操作孔系加工设备；会分析孔加工和攻螺纹常见缺陷及防止方法。在工作过程中严格遵守安全操作规程，按照现场管理规范清理场地、归置物品，并按照环保规定处置废弃物。工作完成后，请指导教师验收。最后，撰写工作小结，小组成员进行经验交流。

学习活动 1　接受工作任务、制订工作计划

学习活动 2　孔与螺纹加工的认知

学习活动 3　孔与螺纹加工的操作方法及注意事项

学习活动 4　作品展示、任务验收、交付使用

学习活动 5　工作总结与评价

学习活动 1　接受工作任务、制订工作计划

学习目标

1. 能识读生产派工单，接受工作任务，明确任务要求。
2. 查阅资料，能说出孔和螺纹加工工具的名称、种类、用途。
3. 查阅资料，会正确使用孔和螺纹加工工具。
4. 会制订工作计划。

学习过程

1. 仔细阅读下面的生产派工单，按照生产派工单提供的基本信息，查阅相关资料，明确工作任务的内容和要求。随着学习活动的展开，逐项填写生产派工单中的空白项目内容，完成学习任务。

生产派工单

<table>
<tr><td colspan="5">单号：　　　　　　开单部门：　　　　　　开单人：
开单时间：　　年　月　日　时　分　　　　接单人：　　部　　小组
（签名）</td></tr>
<tr><td colspan="5">以下由开单人填写</td></tr>
<tr><td>产品名称</td><td colspan="2"></td><td>完成工时</td><td>工时</td></tr>
<tr><td>产品技术要求</td><td colspan="4"></td></tr>
<tr><td colspan="5">以下由接单人和确认方填写</td></tr>
<tr><td>领取材料（含消耗品）</td><td colspan="2"></td><td rowspan="2">成本核算</td><td rowspan="2">金额合计：
仓管员（签名）
年　月　日</td></tr>
<tr><td>领用工具</td><td colspan="2"></td></tr>
<tr><td>操作者检测</td><td colspan="2"></td><td colspan="2">（签名）
年　月　日</td></tr>
<tr><td>班组检测</td><td colspan="2"></td><td colspan="2">（签名）
年　月　日</td></tr>
<tr><td>质检员检测</td><td colspan="2"></td><td colspan="2">（签名）
年　月　日</td></tr>
<tr><td rowspan="4">生产数量统计</td><td>合格</td><td colspan="3"></td></tr>
<tr><td>不良</td><td colspan="3"></td></tr>
<tr><td>返修</td><td colspan="3"></td></tr>
<tr><td>报废</td><td colspan="3"></td></tr>
<tr><td colspan="5">统计：　　　　　　审核：　　　　　　批准：</td></tr>
</table>

2. 根据任务要求，对现有小组成员进行合理分工，并填写分工表。

序号	组员姓名	任务分工	备注

3. 查阅资料，小组讨论并制订孔与螺纹加工工作计划。

序号	工作内容	完成时间	工作要求	备注
1	接受生产派工单		认真识读生产派工单，明确任务要求	

活动过程评价自评表

班级		姓名		学号		日期	年　月　日		
评价指标	评价要素				权重	等级评定			
						A	B	C	D
信息检索	能够有效利用网络资源、工作手册查找有效信息				5%				
	能够用自己的语言有条理地去解释、表述所学知识				5%				
	能够将查找到的信息有效转换到工作中				5%				
感知工作	能够熟悉工作岗位，认同工作价值				5%				
	在工作中，能够获得满足感				5%				
参与状态	与教师、同学之间能够相互尊重、理解、平等对待				5%				
	与教师、同学之间能够保持多向、丰富、适宜的信息交流				5%				
	探究学习，自主学习不流于形式，处理好合作学习和独立思考的关系，做到有效学习				5%				
	能够提出有意义的问题或能够发表个人见解；能够按要求正确操作；能够倾听、协作、分享				5%				
	积极参与，在产品加工过程中不断学习，综合运用信息技术的能力提高很大				5%				
学习方法	工作计划、操作技能符合规范要求				5%				
	能够获得进一步发展的能力				5%				
工作过程	遵守管理规程，操作过程符合现场管理要求				5%				
	平时上课的出勤情况和每天完成工作任务情况				5%				
	善于多角度思考问题，能够主动发现、提出有价值的问题				5%				
思维状态	能够发现问题、提出问题、分析问题、解决问题				5%				
自评反馈	按时按质完成工作任务				5%				
	较好地掌握专业知识点				5%				
	具有较强的信息分析能力和理解能力				5%				
	具有较为全面严谨的思维能力并能够条理明晰地表述成文				5%				
自评等级									
有益的经验和做法									
总结反思建议									

等级评定：A：好；B：较好；C：一般；D：有待提高。

学习活动 2　孔与螺纹加工的认知

学习目标

1. 掌握孔和螺纹加工的概念及作用。
2. 认知孔和螺纹加工工作环境，能规范使用钻床。
3. 熟悉钻头和丝锥的结构特点，会使用钻头和攻螺纹工具。
4. 感知钳工的工作现场和工作过程，查阅资料，写出钻孔和螺纹加工工具名称。

仔细查阅相关资料，会描述钻孔和螺纹加工的概念及作用，写出钻孔和螺纹加工工具名称。随着学习活动的展开，逐项填写项目内容，完成学习任务。

一、钻孔加工概述

1. 查阅资料，描述钻孔的概念。

____

____

____

2. 根据图 7-2 所示，描述钻孔加工过程。

____

____

____

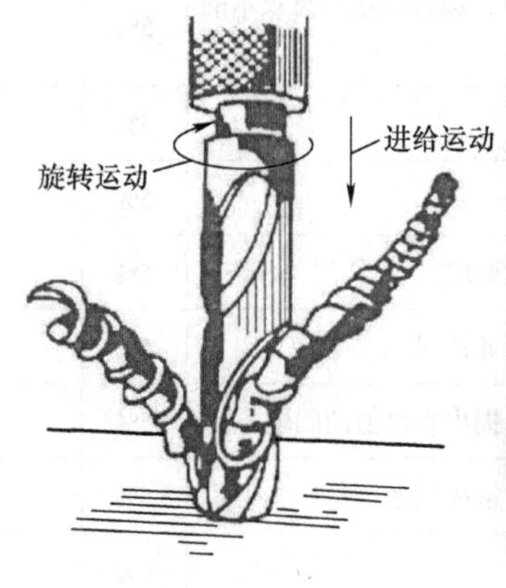

图 7-2　钻孔

3. 钻孔特点

钻孔时，麻花钻是在半封闭的状态下进行切削的，转速高，切削量大，排屑又很困难。所以，钻孔加工有如下几个特点：

____

____

____

4. 常用的钻孔设备

1）台式钻床。根据图 7-3 所示台式钻床结构，查阅资料，描述台式钻床的组成部分。

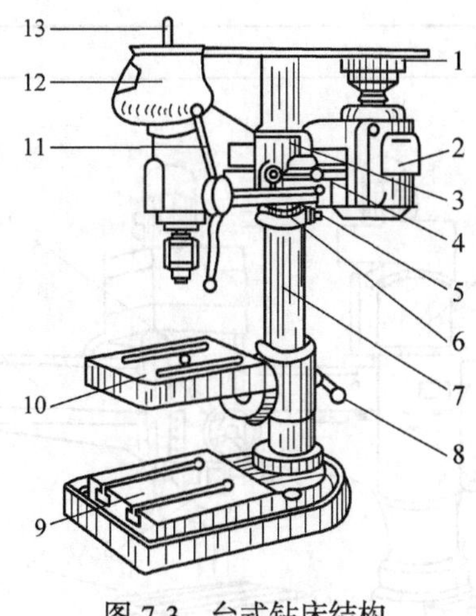

图 7-3　台式钻床结构

2）立式钻床。根据图 7-4 所示立式钻床结构，查阅资料，描述立式钻床的组成部分。

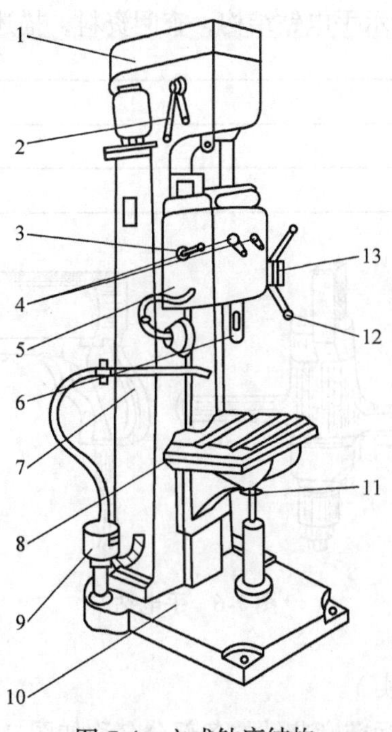

图 7-4　立式钻床结构

3）摇臂钻床。根据图 7-5 所示摇臂钻床结构，查阅资料，描述摇臂钻床的组成部分。

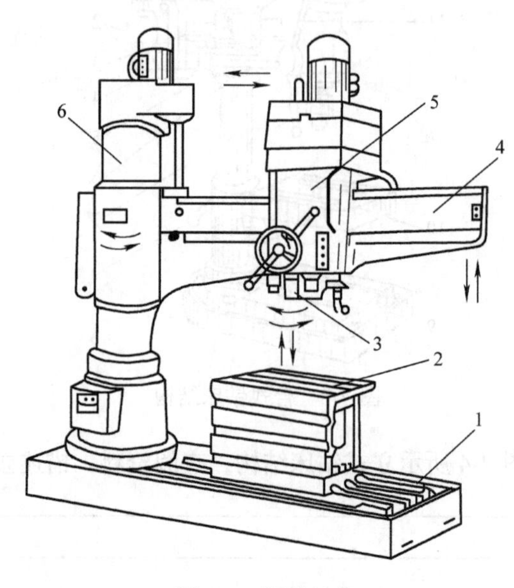

图 7-5　摇臂钻床

4）手电钻。根据图 7-6 所示手电钻结构，查阅资料，描述其组成部分。

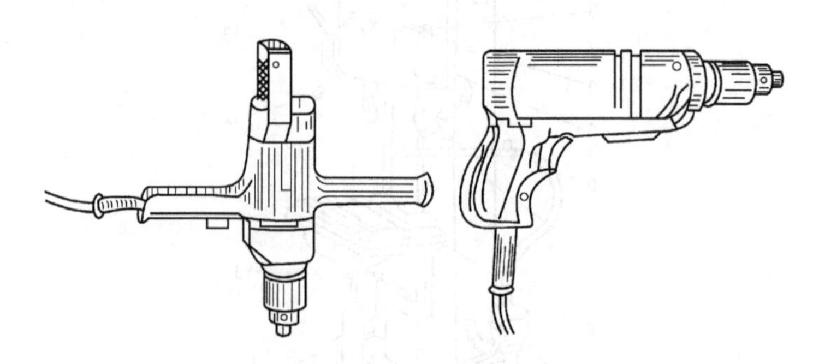

图 7-6　手电钻

5. 钻孔工具（钻头和钻夹头）

（1）标准麻花钻的结构。标准麻花钻的各部分名称如图 7-7 所示。

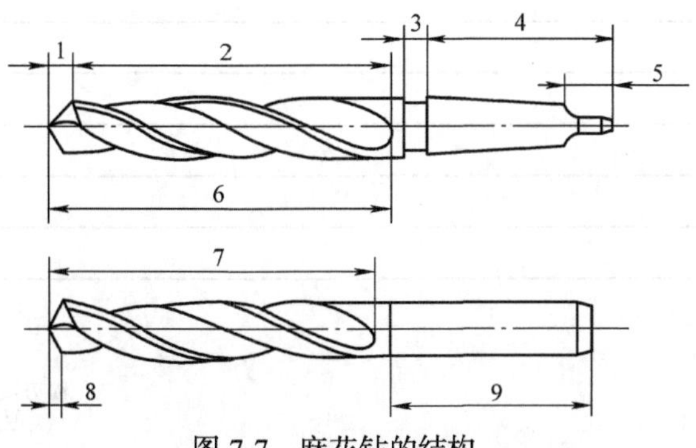

图 7-7　麻花钻的结构

根据麻花钻的结构示意图，查阅资料，描述麻花钻的组成部分及用途。

（2）麻花钻切削部分的几何参数

1）根据钻头切削部分示意图（见图 7-8），查阅资料，描述其各部分组成及用途。

2）根据麻花钻的几何参数（见图 7-9），查阅资料，描述其各部分名称及用途。

钻头切削部分的螺旋槽表面称为前面，切削部分顶端两个曲面称为后面，钻头的棱边又称为副后面，如图 7-8 所示。钻孔时的切削平面见图 7-9 中的 $P—P$，基面见图 7-9 中的 $Q—Q$。

顶角：

螺旋角：

前角：

后角：

横刃倾斜角：______________________________

____

____

横刃长度：______________________________

____

____

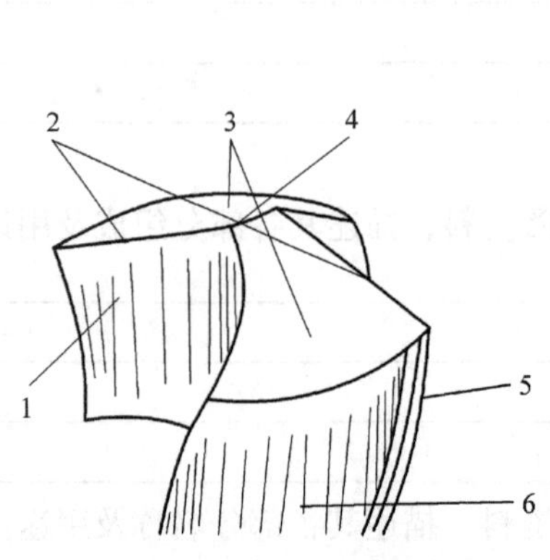

图 7-8　钻头切削部分

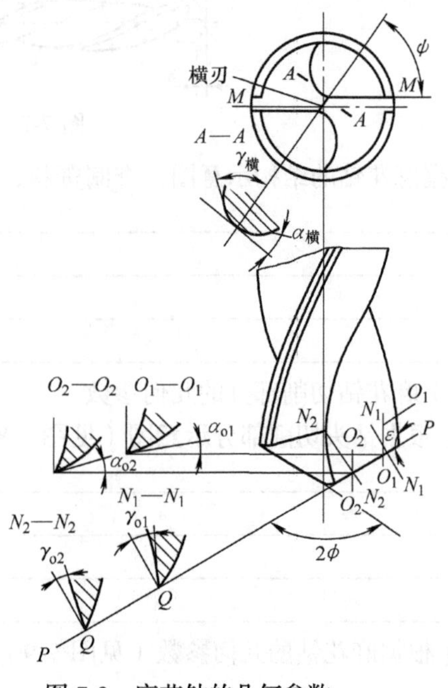

图 7-9　麻花钻的几何参数

（3）钻夹头。根据图 7-10 所示钻夹头结构，查阅资料，描述其各部分组成和用途。

____

____

____

____

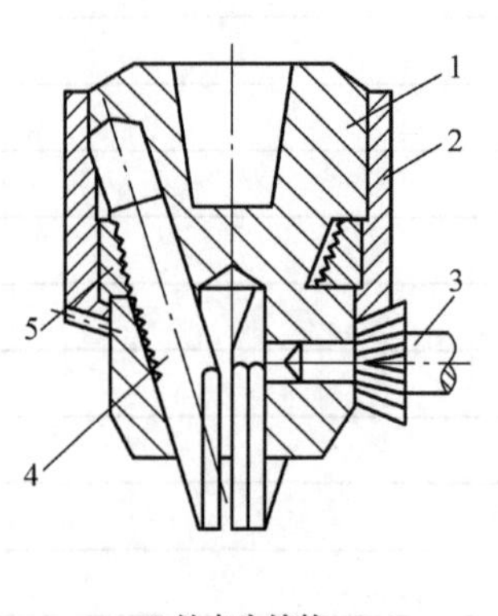

a) 钻夹头结构

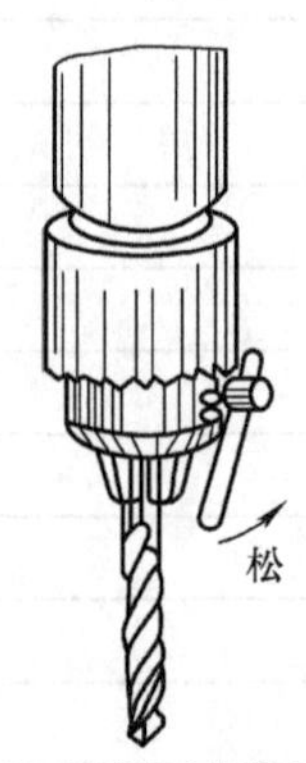

b) 直柄钻头的拆卸

图 7-10　钻夹头

（4）钻套。根据图 7-11 所示钻套结构，查阅资料，描述其各部分组成和用途。

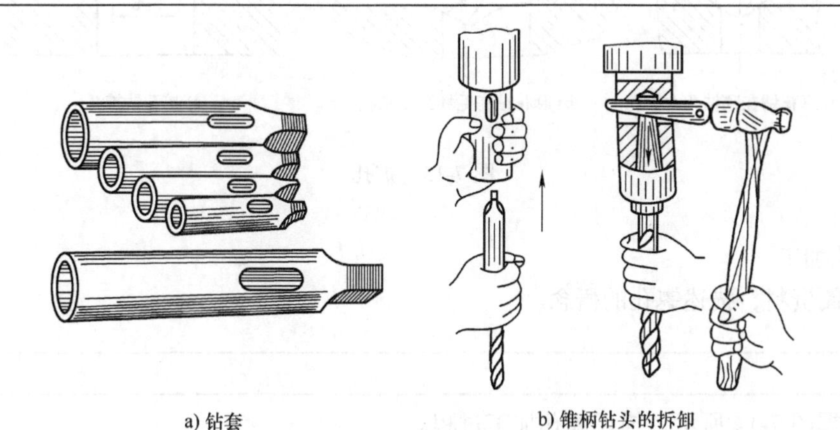

a) 钻套　　b) 锥柄钻头的拆卸

图 7-11　钻套及锥柄钻头的拆卸

（5）快换夹头。根据图 7-12 所示快换夹头结构，查阅资料，描述其各部分组成和用途。

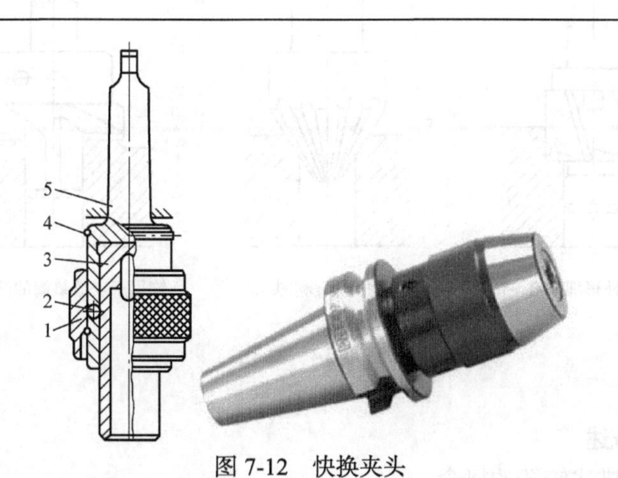

图 7-12　快换夹头

二、扩孔与锪孔加工概述

1. 扩孔加工

1）查阅资料，描述扩孔的概念。

2）根据图 7-13 所示，描述扩孔加工过程。

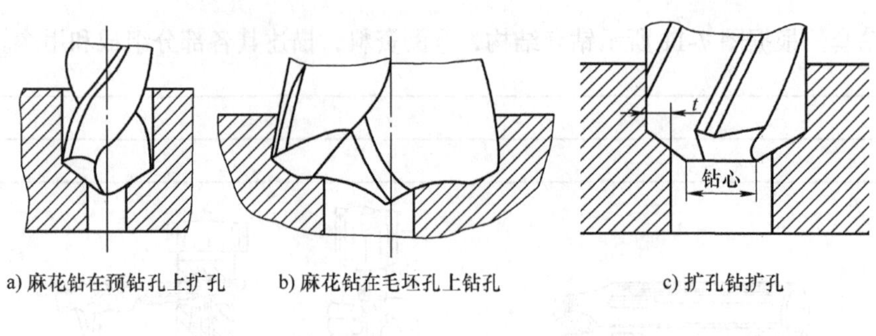

a) 麻花钻在预钻孔上扩孔　b) 麻花钻在毛坯孔上钻孔　c) 扩孔钻扩孔

图 7-13　扩孔

2. 锪孔加工

1）查阅资料，描述锪孔的概念。

2）根据图 7-14 所示，描述锪孔加工过程。

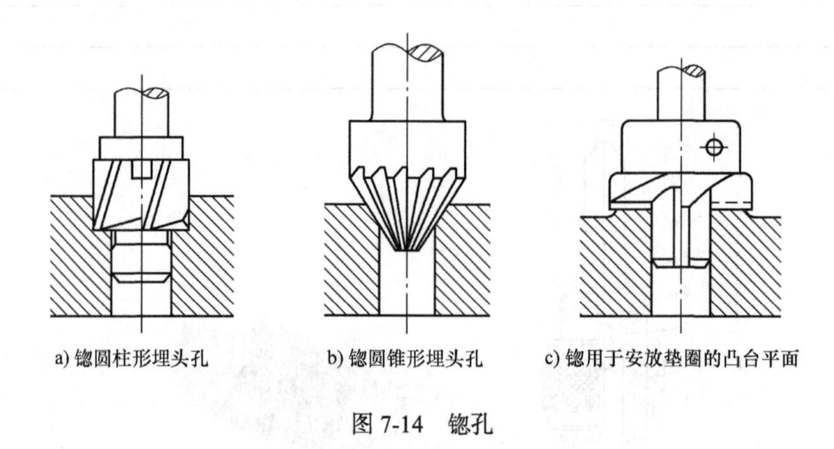

a) 锪圆柱形埋头孔　b) 锪圆锥形埋头孔　c) 锪用于安放垫圈的凸台平面

图 7-14　锪孔

三、铰孔加工概述

1）查阅资料，描述铰孔的概念。

2）根据图 7-15 所示，描述铰孔加工过程。

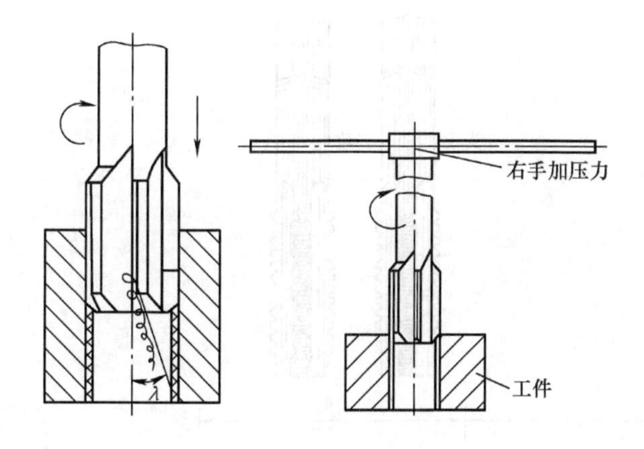

图 7-15　铰孔

四、攻螺纹和套螺纹加工概述

1. 攻螺纹

1）如图 7-16 所示，查阅资料，描述攻螺纹的概念。

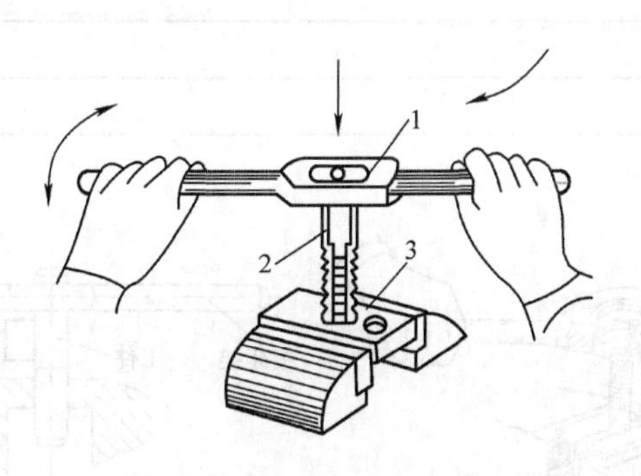

图 7-16　攻螺纹

2）攻螺纹工具（丝锥）。根据图 7-17 所示丝锥的结构，查阅资料，描述其各部分组成及用途。

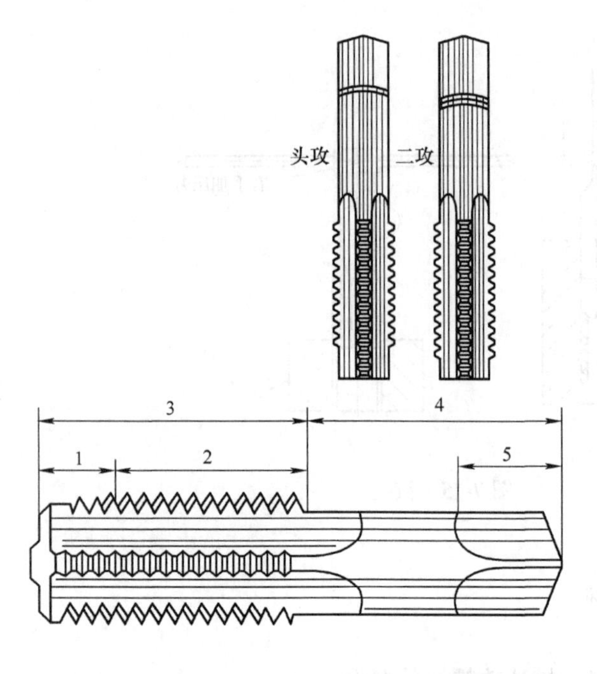

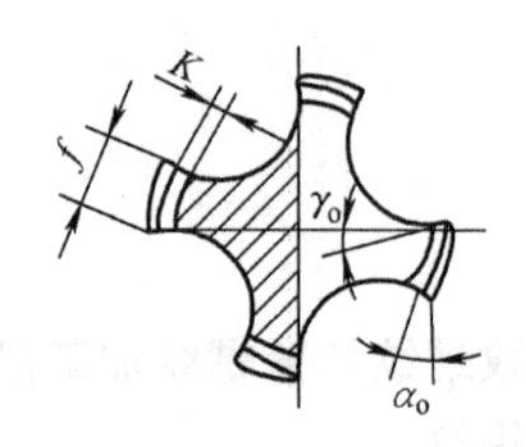

图 7-17 丝锥的结构

2. 套螺纹

1）根据图 7-18 所示，查阅资料，描述套螺纹的概念。

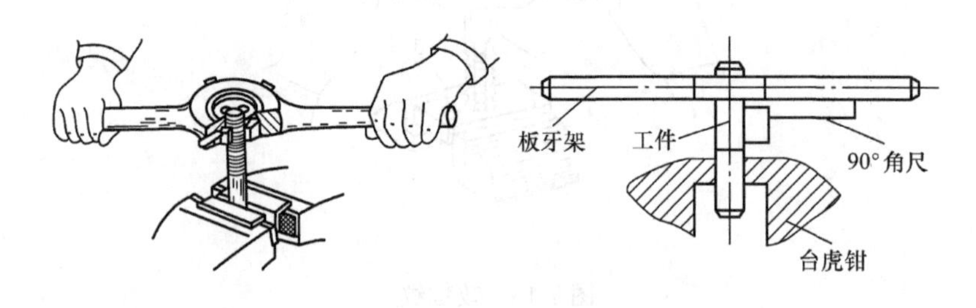

图 7-18 套螺纹

2）套螺纹工具（板牙）。根据图 7-19 和图 7-20 所示板牙的结构和类型，查阅资料，描述其各部分组成及用途。

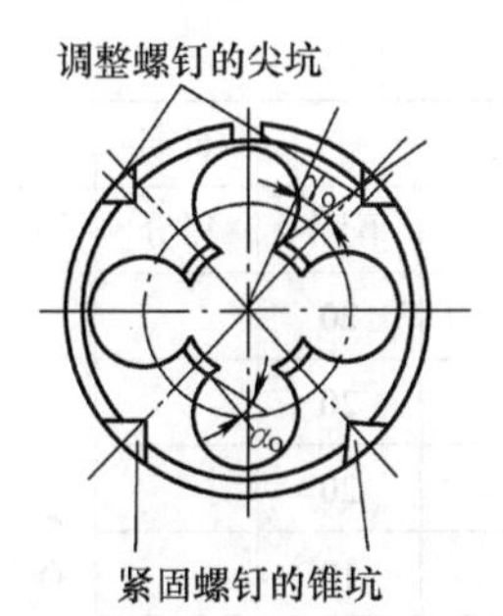

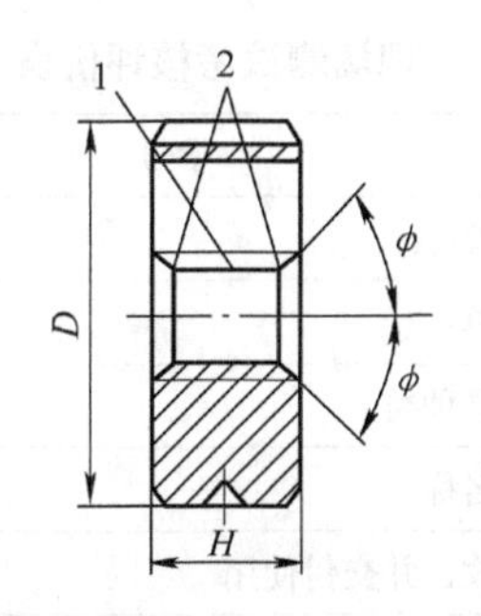

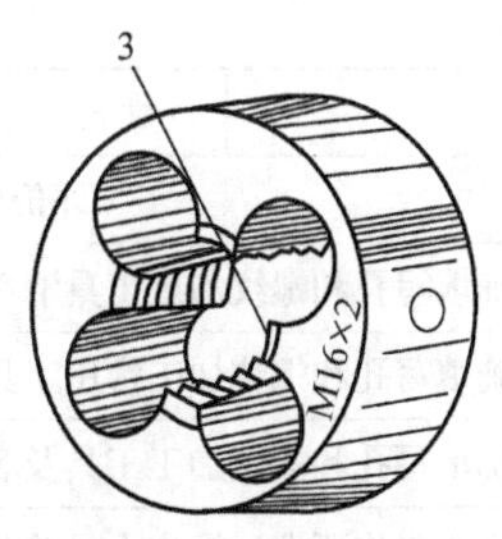

图 7-19　板牙的结构

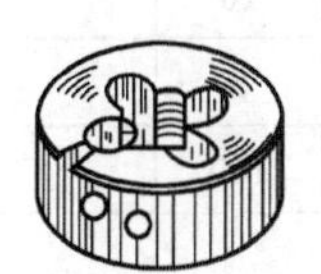

a) 可调式圆板牙

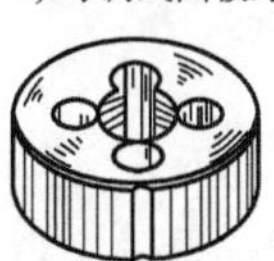

b) 固定圆板牙

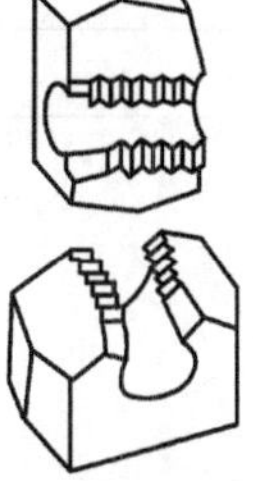

c) 方板牙

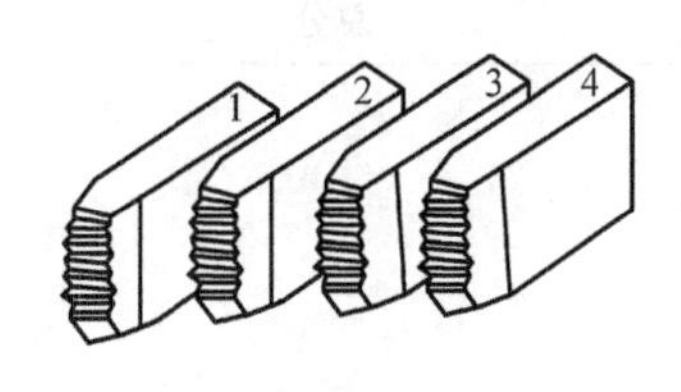

d) 活络管子板牙

图 7-20　板牙的类型

学习活动过程评价表

<table>
<tr><td>班级</td><td></td><td>姓名</td><td></td><td>学号</td><td></td><td>日期</td><td colspan="2">年　月　日</td></tr>
<tr><td colspan="5">评价内容（满分 100 分）</td><td>学生自评</td><td>同学互评</td><td>教师评价</td><td>总评</td></tr>
<tr><td rowspan="4">专业技能（60 分）</td><td colspan="4">工作页完成进度（30 分）</td><td></td><td></td><td></td><td rowspan="9">A（86~100）
B（76~85）
C（60~75）
D（60 以下）</td></tr>
<tr><td colspan="4">对理论知识的掌握程度（10 分）</td><td></td><td></td><td></td></tr>
<tr><td colspan="4">理论知识的应用能力（10 分）</td><td></td><td></td><td></td></tr>
<tr><td colspan="4">改进能力（10 分）</td><td></td><td></td><td></td></tr>
<tr><td rowspan="4">综合素养（40 分）</td><td colspan="4">遵守现场操作的职业规范（10 分）</td><td></td><td></td><td></td></tr>
<tr><td colspan="4">信息获取的途径（10 分）</td><td></td><td></td><td></td></tr>
<tr><td colspan="4">按时完成学习和工作任务（10 分）</td><td></td><td></td><td></td></tr>
<tr><td colspan="4">团队合作精神（10 分）</td><td></td><td></td><td></td></tr>
<tr><td colspan="5">总分</td><td></td><td></td><td></td></tr>
<tr><td colspan="5">综合得分
（学生自评占 10%、同学互评占 10%、教师评价占 80%）</td><td colspan="4"></td></tr>
<tr><td colspan="2">小结建议</td><td colspan="7"></td></tr>
</table>

现场测试考核评价表

班级		姓名		学号		日期	年 月 日
序号	评价要点				配分	得分	总评
1	能正确填写孔和螺纹加工工具清单				20		A（86~100） B（76~85） C（60~75） D（60 以下）
2	能正确填写孔和螺纹加工常用工具种类				20		
3	能正确填写孔和螺纹加工工具及名称				20		
4	能按企业工作要求请操作人员验收，并交付使用				10		
5	能按照 6S 管理要求清理场地				10		
6	能遵守劳动纪律，以积极的态度接受工作任务				5		
7	能积极参与小组讨论，团队间相互合作				10		
8	能及时完成老师布置的任务				5		
总分					100		
小结建议							

学习活动 3　孔与螺纹加工的操作方法及注意事项

学习目标

1. 查阅资料，会使用孔和螺纹加工工具进行加工操作。
2. 能正确夹持工件。
3. 会操作孔和螺纹加工设备。
4. 会分析孔和螺纹加工出现的问题和产生原因。
5. 掌握孔和螺纹加工的注意事项。

学习过程

仔细查阅相关资料，领会孔和螺纹加工操作方法，工作过程严格遵守各项安全操作规程和注意事项，做到安全文明生产。随着学习活动的展开，逐项填写项目内容，完成学习任务。

一、钻孔操作方法

1. 钻孔前的准备。根据图 7-21、图 7-22 所示，钻孔前工件要划线定心。查阅资料，描述钻孔前的准备工作。

____

____

____

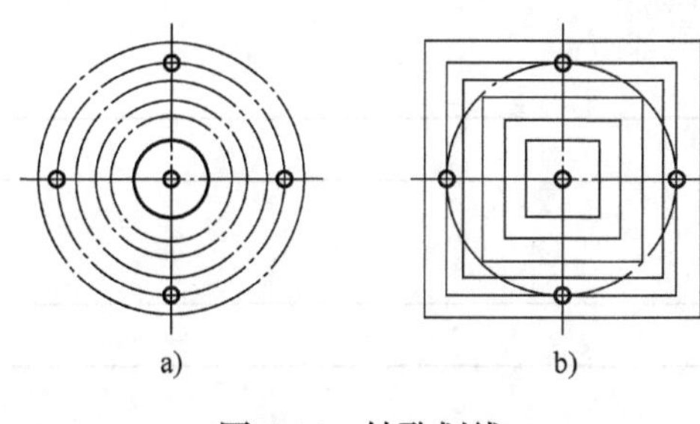

图 7-21　钻孔划线

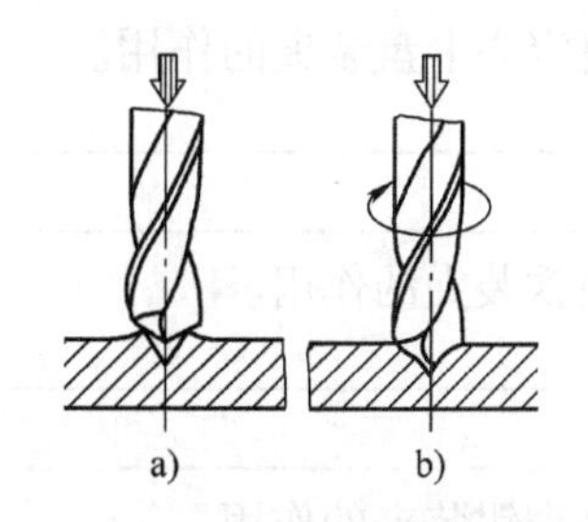

图 7-22　样冲眼准确钻定心

2. 麻花钻的装夹。根据图 7-23 所示，描述麻花钻的装夹与拆卸方法。

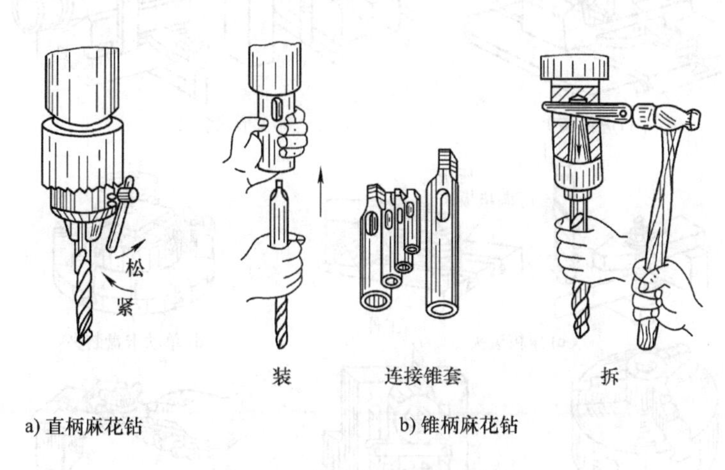

图 7-23　麻花钻的装夹与拆卸

3. 工件的装夹。工件钻孔时，要根据工件的形状和钻孔直径的大小，采用不同的装夹方法，以保证钻孔质量和安全，常用的工件装夹方法如图 7-24 所示。

1）平口虎钳装夹的作用。

2）V 形块装夹的作用。

3）压板装夹的作用。

4）单动卡盘装夹的作用。

5）自定心卡盘装夹的作用。

6）角铁装夹的作用。

7）手虎钳装夹的作用。

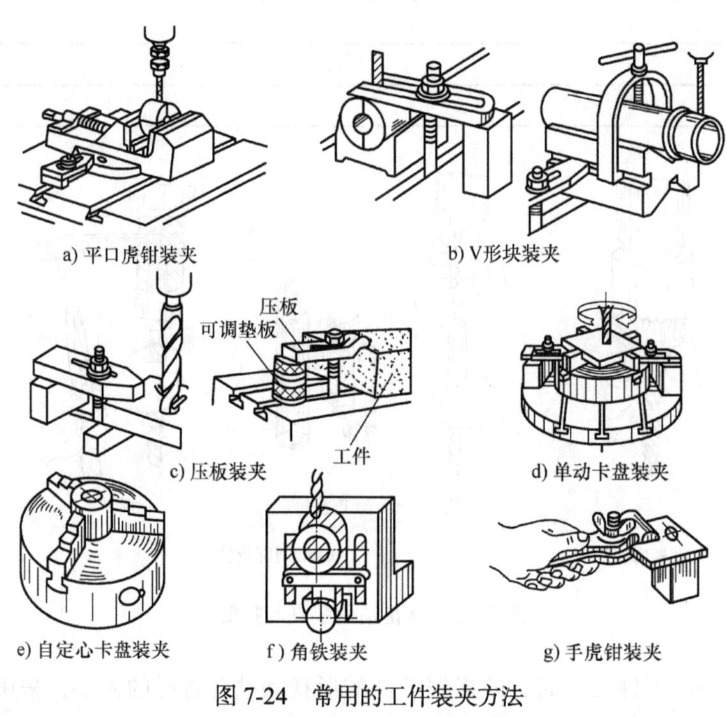

图 7-24 常用的工件装夹方法

4. 查阅资料，描述切削参数。

1）切削速度。

2）进给量。

3）被吃刀量。

4）切削用量。

5. 起钻及进给操作与偏位纠正。根据图 7-25 所示，描述钻孔加工起钻及进给操作的方法。

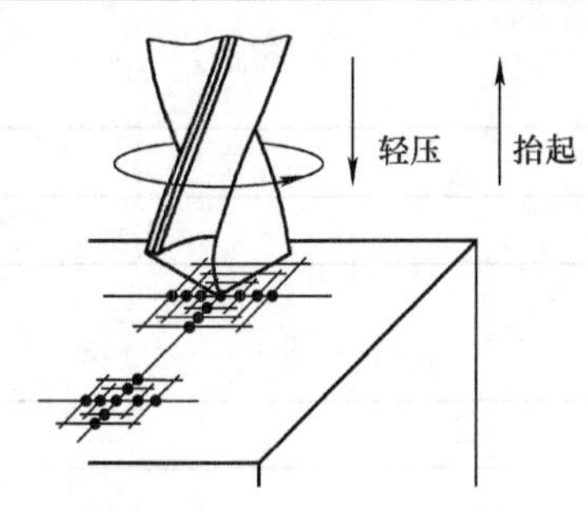

图 7-25　起钻及进给操作

根据图 7-26 所示，描述钻孔加工时偏位纠正方法。

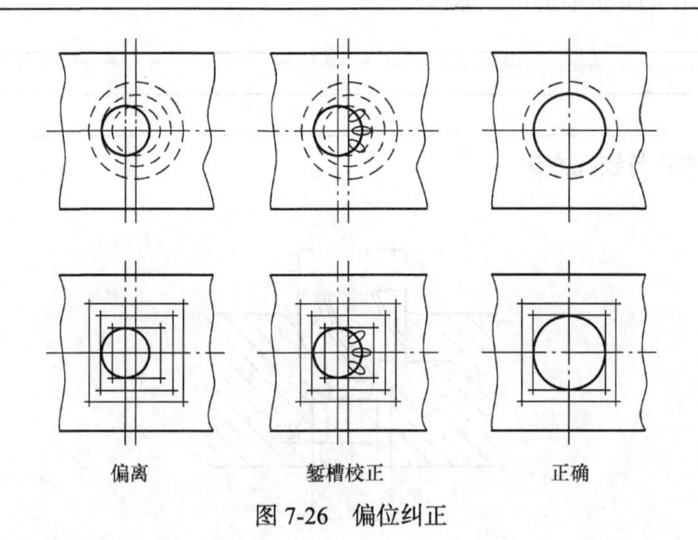

图 7-26　偏位纠正

6. 查阅资料，描述钻孔操作时的注意事项。

7. 查阅资料，描述钻孔加工时容易出现问题的产生原因。

1）孔径大于规定尺寸的产生原因。

2）孔呈多棱形的产生原因。

3）孔位偏移的产生原因。

4）孔壁粗糙的产生原因。

5）孔歪斜的产生原因。

6）麻花钻工作部分折断的产生原因。

二、扩孔、锪孔与铰孔方法

1. 扩孔

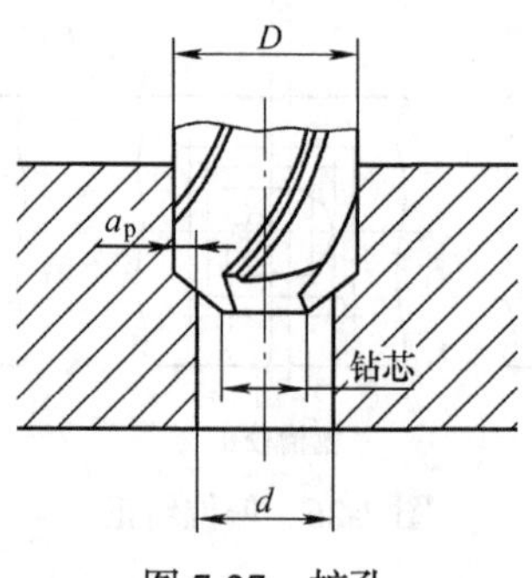

图 7-27 扩孔

（1）扩孔时的切削深度计算公式________

（2）查阅资料，描述扩孔操作注意事项。

（3）查阅资料，描述扩孔加工时容易出现问题的产生原因。

1）表面粗糙度超差的产生原因。

2）轴线与底面不垂直的产生原因。

3）孔呈椭圆形的产生原因。

4）扩孔位置偏斜或歪斜的产生原因。

2. 锪孔（见图 7-28）

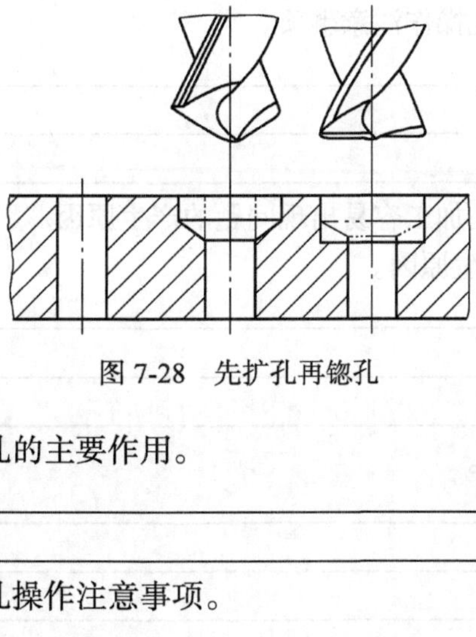

图 7-28　先扩孔再锪孔

（1）查阅资料，描述锪孔的主要作用。

（2）查阅资料，描述锪孔操作注意事项。

（3）查阅资料，描述锪孔加工容易出现问题的产生原因。

1）表面粗糙度超差的产生原因。

2）锪孔表面呈多角形的产生原因。

3. 铰孔（见图 7-29）

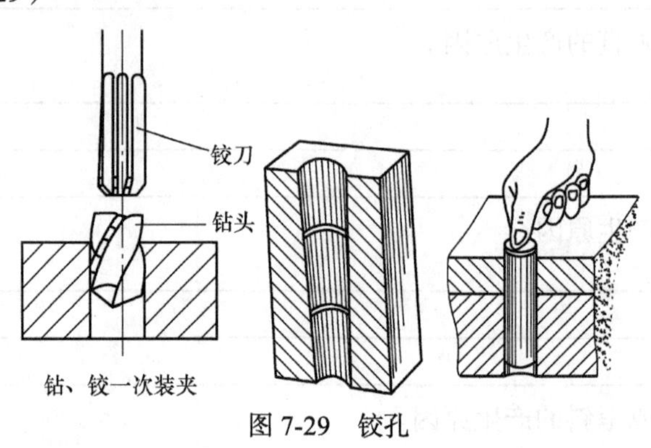

图 7-29 铰孔

（1）查阅资料，描述铰孔的主要作用。

（2）查阅资料，描述铰孔操作注意事项。

（3）查阅资料，描述铰孔加工容易出现问题的产生原因。

1）表面粗糙度超差的产生原因。

2）孔径扩大的产生原因。

3）孔径缩小的产生原因。

4）孔中心不直的产生原因。

5）孔呈多棱形的产生原因。

____

____

____

三、攻螺纹和套螺纹加工操作方法

1. 攻螺纹方法

（1）攻不通孔螺纹直径计算。

（2）攻不通孔螺纹深度计算（见图 7-30）。

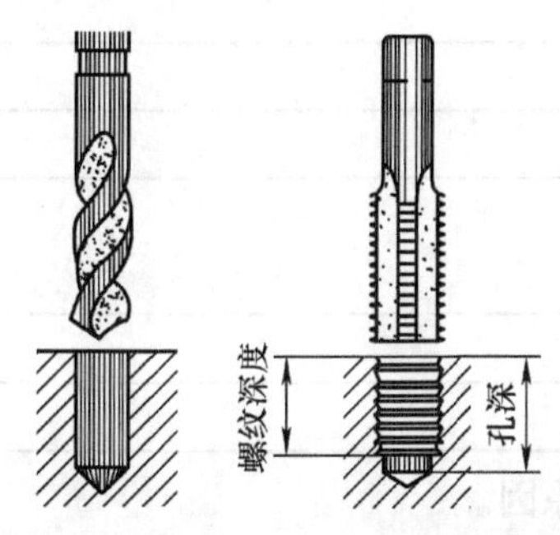

图 7-30　螺纹底孔直径和深度的确定

（3）根据图 7-31、图 7-32 所示，描述手工攻螺纹具体加工工序。

____

____

____

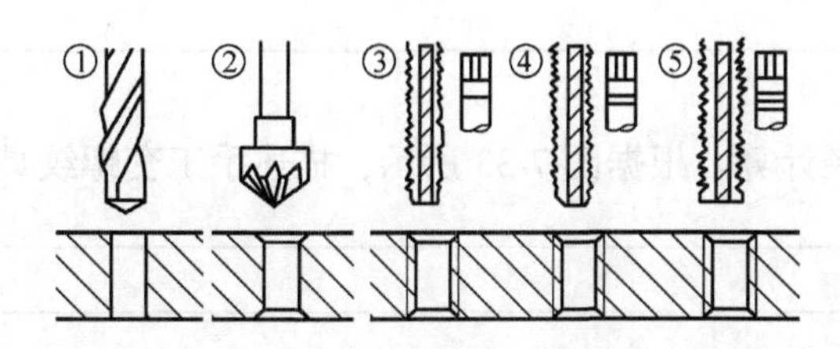

图 7-31　攻内螺纹工序图

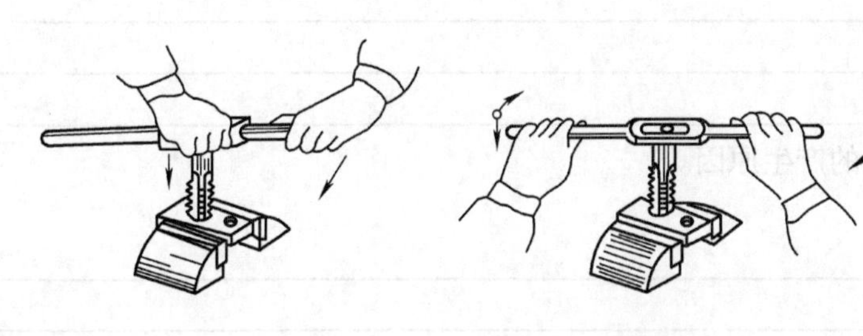
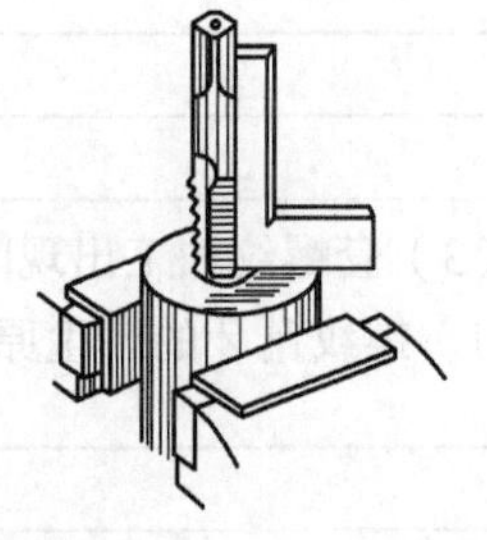

图 7-32　攻螺纹方法

（4）查阅资料，描述攻螺纹操作注意事项。

（5）查阅资料，描述攻螺纹加工容易出现问题的产生原因。

1）螺纹乱牙的产生原因。

2）螺纹滑牙的产生原因。

3）螺纹歪斜的产生原因。

4）螺纹形状不完整的产生原因。

5）丝锥折断的产生原因。

2. 套螺纹加工方法

（1）套螺纹工件直径计算。根据图 7-33 所示，描述手工套螺纹具体加工工序。

（2）查阅资料，描述套螺纹操作注意事项。

（3）套螺纹加工出现问题的产生原因。

1）螺纹乱牙的产生原因。

2）螺纹滑牙的产生原因。

____

____

____

3）螺纹歪斜的产生原因。

____

____

____

4）螺纹形状不完整的产生原因。

____

____

____

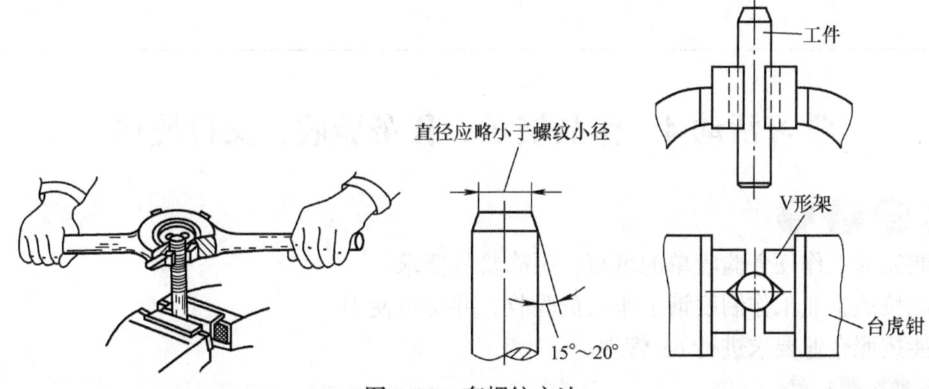

图 7-33　套螺纹方法

学习活动过程评价表

班级	姓名	学号		日期	年　月　日
评价内容（满分 100 分）		学生自评	同学互评	教师评价	总评
专业技能（60 分）	工作页完成进度（30 分）				A（86~100） B（76~85） C（60~75） D（60 以下）
	对理论知识的掌握程度（10 分）				
	理论知识的应用能力（10 分）				
	改进能力（10 分）				
综合素养（40 分）	遵守现场操作的职业规范（10 分）				
	信息获取的途径（10 分）				
	按时完成学习和工作任务（10 分）				
	团队合作精神（10 分）				
总分					
综合得分（学生自评占 10%、同学互评占 10%、教师评价占 80%）					
小结建议					

现场测试考核评价表

班级		姓名		学号		日期	年 月 日
序号	评价要点				配分	得分	总评
1	能正确填写孔和螺纹加工工具清单				20		A（86~100） B（76~85） C（60~75） D（60 以下）
2	能正确填写孔和螺纹加工相关知识				20		
3	能正确填写孔和螺纹加工出现问题的形式及产生原因				20		
4	能按企业工作要求请操作人员验收，并交付使用				10		
5	能按照 6S 管理要求清理场地				10		
6	能遵守劳动纪律，以积极的态度接受工作任务				5		
7	能积极参与小组讨论，团队间相互合作				10		
8	能及时完成老师布置的任务				5		
总分					100		
小结建议							

学习活动 4 作品展示、任务验收、交付使用

学习目标

1. 能完成工作任务验收单的填写，明确验收要求。
2. 能按照企业工作制度请工作人员验收，并交付使用。
3. 能按照企业要求进行 6S 管理。

学习过程

1. 根据任务要求，熟悉工作任务验收单格式，并完成验收单的填写工作。

工作任务验收单	
任务名称	
任务实施单位	
任务时间节点	
验收日期	
验收项目及要求	
验收人	

2. 验收结束后，按照企业 6S 管理要求，整理现场，并完成下列表格的填写。

序号	名称	自我评价	做得较好的方面	做得不满意的方面	改进措施
1	整理				
2	整顿				
3	清扫				
4	清洁				
5	素养				
6	安全				

学习活动过程评价表

<table>
<tr><td>班级</td><td></td><td>姓名</td><td></td><td>学号</td><td></td><td>日期</td><td colspan="2">年　月　日</td></tr>
<tr><td colspan="5">评价内容（满分 100 分）</td><td>学生自评</td><td>同学互评</td><td>教师评价</td><td>总评</td></tr>
<tr><td rowspan="4">专业技能
（60 分）</td><td colspan="4">工作页完成进度（30 分）</td><td></td><td></td><td></td><td rowspan="9">A（86~100）
B（76~85）
C（60~75）
D（60 以下）</td></tr>
<tr><td colspan="4">对理论知识的掌握程度（10 分）</td><td></td><td></td><td></td></tr>
<tr><td colspan="4">理论知识的应用能力（10 分）</td><td></td><td></td><td></td></tr>
<tr><td colspan="4">改进能力（10 分）</td><td></td><td></td><td></td></tr>
<tr><td rowspan="4">综合素养
（40 分）</td><td colspan="4">遵守现场操作的职业规范（10 分）</td><td></td><td></td><td></td></tr>
<tr><td colspan="4">信息获取的途径（10 分）</td><td></td><td></td><td></td></tr>
<tr><td colspan="4">按时完成学习和工作任务（10 分）</td><td></td><td></td><td></td></tr>
<tr><td colspan="4">团队合作精神（10 分）</td><td></td><td></td><td></td></tr>
<tr><td colspan="5">总分</td><td></td><td></td><td></td></tr>
<tr><td colspan="5">综合得分
（学生自评占 10%、同学互评占 10%、教师评价占 80%）</td><td colspan="4"></td></tr>
<tr><td colspan="2">小结建议</td><td colspan="7"></td></tr>
</table>

现场测试考核评价表

<table>
<tr><td>班级</td><td></td><td>姓名</td><td></td><td>学号</td><td colspan="2"></td><td>日期</td><td>年　月　日</td></tr>
<tr><td>序号</td><td colspan="5">评价要点</td><td>配分</td><td>得分</td><td>总评</td></tr>
<tr><td>1</td><td colspan="5">能正确填写验收单</td><td>15</td><td></td><td rowspan="10">A（86~100）
B（76~85）
C（60~75）
D（60 以下）</td></tr>
<tr><td>2</td><td colspan="5">能说出项目验收的要求</td><td>15</td><td></td></tr>
<tr><td>3</td><td colspan="5">能对孔和螺纹加工工具进行分类和认识</td><td>15</td><td></td></tr>
<tr><td>4</td><td colspan="5">能填写钳工常用孔和螺纹加工工具的名称、使用方法及注意事项</td><td>15</td><td></td></tr>
<tr><td>5</td><td colspan="5">能按企业工作制度请操作人员验收，并交付使用</td><td>10</td><td></td></tr>
<tr><td>6</td><td colspan="5">能按照 6S 管理要求清理场地</td><td>10</td><td></td></tr>
<tr><td>7</td><td colspan="5">能遵守劳动纪律，以积极的态度接受工作任务</td><td>5</td><td></td></tr>
<tr><td>8</td><td colspan="5">能积极参与小组讨论，团队间相互合作</td><td>10</td><td></td></tr>
<tr><td>9</td><td colspan="5">能及时完成老师布置的任务</td><td>5</td><td></td></tr>
<tr><td colspan="6">总分</td><td>100</td><td></td></tr>
<tr><td colspan="2">小结建议</td><td colspan="7"></td></tr>
</table>

学习活动 5　工作总结与评价

学习目标

1. 能按分组情况，分别派代表展示工作成果，说明本次任务的完成情况，并作分析总结。
2. 能结合自身任务完成情况，正确规范撰写工作总结（心得体会）。
3. 能就本次任务中出现的问题，提出改进措施。
4. 能对学习与工作进行反思总结，并能与他人开展良好合作，进行有效的沟通。

学习过程

1. 展示评价（个人、小组评价）

每个人先在组内进行经验交流与成果展示，再由小组推荐代表作必要的介绍。在交流的过程中，以组为单位进行评价；评价完成后，根据其他组成员对本组设备安装调试的评价意见进行归纳总结。完成如下项目：

1）交流的结论是否符合生产实际？

符合□　　基本符合□　　不符合□

2）与其他组相比，本小组设计的工艺如何？

工艺优化□　　工艺合理□　　工艺一般□

3）本小组介绍经验时表达是否清晰？

很好□　　一般，常补充□　　不清楚□

4）本小组演示时，是否符合操作规程？

正确□　　部分正确□　　不正确□

5）本小组演示操作时遵循了 6S 的工作要求吗？

符合工作要求□　　忽略了部分要求□　　完全没有遵循□

6）本小组的成员团队创新精神如何？

良好□　　一般□　　不足□

2. 自评总结（心得体会）

____

____

____

3. 教师评价

1）找出各组的优点进行点评。

2）对展示过程中各组的缺点进行点评，提出改进方法。

3）对整个任务完成中出现的亮点和不足进行点评。

总体评价表

班级：　　姓名：　　学号：

项目	自我评价			小组评价			教师评价		
	10~9	8~6	5~1	10~9	8~6	5~1	10~9	8~6	5~1
	占总评 10%			占总评 30%			占总评 60%		
学习活动 1									
学习活动 2									
学习活动 3									
学习活动 4									
协作精神									
纪律观念									
表达能力									
工作态度									
安全意识									
任务总体表现									
小计									
总评									

7.3　学习任务应知应会考核

1. 填空题

1）钻孔时，主运动是________，进给运动是________。

2）麻花钻主要由________部分、________部分和________部分构成。柄部有________柄和________柄两种。

3）用钻头在________上加工________的方法，称为钻孔。

4）一般直径小于 13mm 的钻头做成________柄，直径大于 13mm 的钻头做成________柄。锥柄传递的转矩比直柄________。

5）钻头的规格、材料和商标等刻印在________。

6）钻削用量包括________、________、________。

7）麻花钻顶角大小可根据________由刃磨钻头决定。标准麻花钻顶角________，且两主切削刃呈________形。

8）麻花钻外缘处，前角________，后角________，越靠近钻心处，前角逐渐________，后角________。

9）常用切削液主要有________切削液和________切削液两种。切削液有________作用、________作用和________作用。

10）扩孔钻结构与________相似，其切削刃一般为________个。

11）扩孔加工应在________的基础上进行，所以切削余量较________且导向性______。

12）扩孔钻刀体的刚度好，能用较大的________。

13）扩孔加工排屑________, 加工表面质量较钻孔________，常用于孔的________加工，一般作为________的前道工序。

14）锪钻分为________锪钻、________锪钻和________锪钻三种。

15）锪钻进给量为钻孔的________倍，切削速度应比钻孔________。

16）1 ∶ 50 锥铰刀用来铰削________孔。

17）丝锥是加工________的刀具，它分________丝锥和________丝锥两种。

18）成组丝锥通常是 M6-M24 的丝锥，一组有________支，M6 以下及 M24 以上的丝锥有________支。

19）一组等径丝锥中，每支丝锥的大径、________、________都相等，只是切削部分及________不相等。

20）攻螺纹时，丝锥切削部分对材料进行挤压，因此，攻螺纹前________直径必须大于小径。

21）板牙是加工或修整________的标准刀具。

22）套螺纹时，材料受到板牙切削刃挤压而变形，所以套螺纹前________直径应稍微小于________大径。

2. 技能题

根据图 7-1 所示制作 U 形板。

任务 8　刮削——平板制作

8.1　学习任务要求

8.1.1　知识目标

1. 了解刮削概念及特点。
2. 了解平面刮削的步骤和刮削工具。
3. 掌握挺刮法的姿势及动作要领。
4. 掌握刮刀的刃磨方法。
5. 掌握显点方法。

8.1.2　素质目标

1. 遵守现场操作的职业规范，具备安全、整洁、规范实施工作任务的能力。
2. 具有良好的职业道德、职业责任感和不断学习的精神。
3. 具有不断开拓创新的意识。
4. 以积极的态度对待训练任务，具有团队交流和协作能力。

8.1.3　能力目标

1. 能严格执行安全操作规程和现场管理规定。
2. 能根据技术图样，正确选用工、量具。
3. 能叙述平板材质和平板的保养方法。
4. 能正确刃磨平面刮刀。
5. 能按照工艺步骤要求完成平板制作任务。
6. 能正确配制显示剂。
7. 能正确运用百分表和塞尺，能用目测、涂色等检测手段检测平板的技术参数。
8. 能根据现场管理规范要求，清理场地，归置物品，能按环保要求处理废弃物。
9. 能自我评价，自选展示方法，归纳总结加工过程和加工体会。

8.2　工作页

8.2.1　工作任务情景描述

学生在接受老师指定的工作任务后，通过教师指导或借助相关机械加工手册，识读平板制作图样，获取铸造工艺知识、平面度检验方法、间隙检测方法和百分表使用方法等有效信息，按照加工工艺步骤，使用平面刮刀刮削平板。使用刀口角尺、塞尺、百分表和研点检测的方法进行检测，交检验人员验收合格后，填写工作单。工作完成后按照现场管理规范清理场地，归置物品，并按照环保规定处置废弃物。撰写工作总结，采用各种形式展示工作成果。工作过程中遵循现场工作管理规范。

8.2.2　工作流程与学习活动

小组成员在接到任务后，到现场与操作人员沟通，认真观察钳工工作场地，查阅平板刮削加工过程的相关资料后，进行任务分工安排，制订工作流程和步骤，做好准备工作。在工作过程中，认真记录和抄写平板刮削的操作要领，能正确选用平板刮削工具；掌握刮刀的刃磨方法；会刮削中小型平板，会分析平板刮削过程中常见缺陷及防止方法，掌握平板刮削操作方法及安全知识。在工作过程中严格遵守安全操作规程，按照现场管理规范清理场地、归置物品，并按照环保规定处置废弃物。工作完成后，请指导教师验收。最后，撰写工作小结，小组成员进行经验交流。

学习活动 1　接受工作任务，明确工作要求
学习活动 2　确定加工方法和步骤
学习活动 3　刮削、检测平板
学习活动 4　作品展示、任务验收、交付使用
学习活动 5　工作总结与评价

编制工作任务

请从老师处获取平板制作的工作任务。

____
____
____
____
____

学习活动 1　接受工作任务，明确工作要求

学习目标

1. 能识读生产派工单，接受工作任务，明确工作要求，能采集有效信息。
2. 查阅资料，能选择平板的类型、材料。
3. 能制订合理的工作进度计划。
4. 能在规定的时间内完成任务。

学习过程

仔细阅读下面的生产派工单，按照生产派工单提供的基本信息，查阅相关资料，明确工作任务的内容和要求。随着学习活动的展开，逐项填写生产派工单中的空白项目，完成学习任务。

引导问题

1. ________是用于________或________的平面基准器具。其按材质分为________平板、________平板和________平板。

2. 刮削是指________________以提高加工精度的加工方法。刮削加工属于________加工。

3. 刮削能获得很高的________、________、________、________和很小的________，故其在机械制造以及工具、量具制造或修理中，仍属于一种重要的手工作业。

4. 刮削是用________刮除工件表面薄层的加工方法，它是利用________、________和________，以手工方式边研点测量，边用刮刀刮去高处的金属，使工件逐步达到规定的尺寸、几何形状、表面质量和密合性等要求。

5. 铸铁平板材料为________，平板毛坯采用________成形方法加工，经过600~700℃二次人工退火或自然时效，工作面硬度为________。铸铁平板常用规格为________，铸铁平板精度按国家标准计量检定规程执行，____________共四个等级。

6. 完成平板制作工时核算，并作工期确定说明。

____
____
____
____
____

生产派工单

单号： 开单部门： 开单人：

开单时间： 年 月 日 时 分 接单人： 部 小组

（签名）

以下由开单人填写				
产品名称		完成工时	工时	
产品技术要求				
以下由接单人和确认方填写				
领取材料（含消耗品）		成本核算	金额合计： 仓管员（签名） 年 月 日	
领用工具				
操作者检测		（签名） 年 月 日		
班组检测		（签名） 年 月 日		
质检员检测		（签名） 年 月 日		
生产数量统计	合格			
	不良			
	返修			
	报废			

统计： 审核： 批准：

1. 根据任务要求，对现有小组成员进行合理分工，并填写分工表。

序号	组员姓名	任务分工	备注

2. 查阅资料，小组讨论并制订平板刮削工作计划。

序号	工作内容	完成时间	工作要求	备注
1	接受生产派工单		认真识读生产派工单，了解任务要求	

活动过程评价自评表

班级		姓名		学号		日期	年 月 日		
评价指标	评价要素				权重	等级评定			
						A	B	C	D
信息检索	能够有效利用网络资源、工作手册查找有效信息				5%				
	能够用自己的语言有条理地去解释、表述所学知识				5%				
	能够将查找到的信息有效转换到工作中				5%				
感知工作	能够熟悉工作岗位，认同工作价值				5%				
	在工作中，能够获得满足感				5%				
参与状态	与教师、同学之间能够相互尊重、理解、平等对待				5%				
	与教师、同学之间能够保持多向、丰富、适宜的信息交流				5%				
	探究学习，自主学习不流于形式，处理好合作学习和独立思考的关系，做到有效学习				5%				
	能够提出有意义的问题或能够发表个人见解；能够按要求正确操作；能够倾听、协作、分享				5%				
	积极参与，在产品加工过程中不断学习，综合运用信息技术的能力提高很大				5%				
学习方法	工作计划、操作技能符合规范要求				5%				
	能够获得进一步发展的能力				5%				
工作过程	遵守管理规程，操作过程符合现场管理要求				5%				
	平时上课的出勤情况和每天完成工作任务情况				5%				
	善于多角度思考问题，能够主动发现、提出有价值的问题				5%				
思维状态	能够发现问题、提出问题、分析问题、解决问题				5%				
自评反馈	按时按质完成工作任务				5%				
	较好地掌握专业知识点				5%				
	具有较强的信息分析能力和理解能力				5%				
	具有较为全面严谨的思维能力并能够条理明晰地表述成文				5%				
自评等级									
有益的经验和做法									
总结反思建议									

等级评定：A：好；B：较好；C：一般；D：有待提高。

学习活动 2　确定加工方法和步骤

学习目标

1. 能确定平板刮削步骤。
2. 能懂得刮削的特点和应用。
3. 能熟悉刮削安全操作规程。

引导问题

1. 刮削原理：将工件与校准工具或与其相配合的工件之间涂上一层，________，经过对研，使工件上较高的部位显示出来，然后用刮刀进行微量刮削，刮去较高部分的金属层。在刮削的同时，刮刀对工件还有________和________，就能使工件的加工精度达到预定的要求。

2. 通过查阅资料，列举刮削的应用和特点。

____

____

____

3. 分析实物图样，确定平板刮削步骤。

____

____

____

4. 根据平板刮削步骤确定工、量、刃具和辅助工具。

____

____

____

5. 通过查阅资料，抄写刮削安全操作要求和注意事项。

____

____

____

6. 编制平板刮削工艺流程

组别		组员		组长	
小组讨论	产品分析				
	制订加工工艺步骤				
	工、量具选择				
备注					

学习活动过程评价表

<table>
<tr><td>班级</td><td></td><td>姓名</td><td></td><td>学号</td><td></td><td>日期</td><td colspan="2">年 月 日</td></tr>
<tr><td colspan="5">评价内容（满分 100 分）</td><td>学生自评</td><td>同学互评</td><td>教师评价</td><td>总评</td></tr>
<tr><td rowspan="4">专业技能（60 分）</td><td colspan="4">工作页完成进度（30 分）</td><td></td><td></td><td></td><td rowspan="9">A（86~100）
B（76~85）
C（60~75）
D（60 以下）</td></tr>
<tr><td colspan="4">对理论知识的掌握程度（10 分）</td><td></td><td></td><td></td></tr>
<tr><td colspan="4">理论知识的应用能力（10 分）</td><td></td><td></td><td></td></tr>
<tr><td colspan="4">改进能力（10 分）</td><td></td><td></td><td></td></tr>
<tr><td rowspan="4">综合素养（40 分）</td><td colspan="4">遵守现场操作的职业规范（10 分）</td><td></td><td></td><td></td></tr>
<tr><td colspan="4">信息获取的途径（10 分）</td><td></td><td></td><td></td></tr>
<tr><td colspan="4">按时完成学习和工作任务（10 分）</td><td></td><td></td><td></td></tr>
<tr><td colspan="4">团队合作精神（10 分）</td><td></td><td></td><td></td></tr>
<tr><td colspan="5">总分</td><td></td><td></td><td></td></tr>
<tr><td colspan="5">综合得分
（学生自评占 10%、同学互评占 10%、教师评价占 80%）</td><td colspan="4"></td></tr>
<tr><td colspan="2">小结建议</td><td colspan="7"></td></tr>
</table>

现场测试考核评价表

<table>
<tr><td>班级</td><td></td><td>姓名</td><td></td><td>学号</td><td></td><td>日期</td><td>年 月 日</td></tr>
<tr><td>序号</td><td colspan="5">评价要点</td><td>配分</td><td>得分</td><td>总评</td></tr>
<tr><td>1</td><td colspan="5">能正确确定平板刮削步骤</td><td>20</td><td></td><td rowspan="9">A（86~100）
B（76~85）
C（60~75）
D（60 以下）</td></tr>
<tr><td>2</td><td colspan="5">能懂得刮削的特点和应用</td><td>20</td><td></td></tr>
<tr><td>3</td><td colspan="5">能熟悉刮削安全操作规程</td><td>20</td><td></td></tr>
<tr><td>4</td><td colspan="5">能按企业工作要求请操作人员验收，并交付使用</td><td>10</td><td></td></tr>
<tr><td>5</td><td colspan="5">能按照 6S 管理要求清理场地</td><td>10</td><td></td></tr>
<tr><td>6</td><td colspan="5">能遵守劳动纪律，以积极的态度接受工作任务</td><td>5</td><td></td></tr>
<tr><td>7</td><td colspan="5">能积极参与小组讨论，团队间相互合作</td><td>10</td><td></td></tr>
<tr><td>8</td><td colspan="5">能及时完成老师布置的任务</td><td>5</td><td></td></tr>
<tr><td colspan="6">总分</td><td>100</td><td></td></tr>
<tr><td colspan="2">小结建议</td><td colspan="7"></td></tr>
</table>

学习活动 3　刮削、检测平板

1. 能正确选择刮刀的材料、种类、尺寸及几何角度。
2. 能进行平面刮刀的刃磨。
3. 能正确进行平面刮削。
4. 能对平板刮削质量进行检测。

引导问题

1. 刮削是使用________从已经加工表面刮去很薄一层金属的操作。每次的刮削量很少，要求机械加工后所留下的刮削余量不能太大，一般约在________mm。通常，刮刀的________较小，甚至是一种负角的刀具。

2. 刮刀的刀头用________________锻成，经热处理后硬度可达到________HRC 左右。刮刀分为________和________两大类。

3. 平面刮刀用来刮削________________。平面刮刀按所刮表面的精度可分为________、________和________三种。

4. 曲面刮刀用来刮削________________。曲面刮刀按形状和用途不同主要有________、________、________、________四种。

5. 常见的显示剂有红丹粉和蓝油两种。红丹粉广泛用于__________________，蓝油用于__________________。

6. 叙述刮削精度的表示方法及刮削目的。

____

____

____

7. 查阅资料叙述刮削的作用。

____

____

____

8. 刮削操作方法。

刮削前要注意工件周围的光线，备有工作灯，以便在刮削过程中调整刮削面的反光强弱，使点子清晰易辨。刮削前还应去掉工件表面的残砂、灰尘、锐边和毛刺，清除油污并对工件倒角。工件应安放牢稳，以防滑动和振动，高低位置要合适。

1）查阅资料，写出平面刮削的手刮法和挺刮法两种刮削的操作要点。

____

____

____

2）写出平面刮削过程。

____

____

____

3）请查阅资料，抄写刮削时的安全操作规程和注意事项。

____

____

____

9. 刮削质量检验

1）叙述刮削精度的检查方法。

2）叙述塞规检测平面度的方法和操作步骤。

3）叙述百分表检测平面度的方法和操作步骤。

一、平板刮削自检并记录

序号	检测部位	形状精度	位置精度	尺寸精度	表面粗糙度
1					
2					
3					
4					
5					

二、查阅资料，分析刮削缺陷的特征及产生原因

缺陷形式	特征	产生原因
振痕		
划痕		
丝纹		
深凹痕		
落刀或起刀痕		
接触点达不到要求		

三、请记录刮削平板的过程

小知识

1. 平面刮刀的刃磨

（1）平面刮刀还可按粗刮、细刮、精刮的要求不同分类。粗刮刀顶端角度为 90° ~92.5°，刀刃平直；细刮刀顶端角度为 95° 左右，刀刃稍带圆弧；精刮刀顶端角度为 97.5° 左右，刀刃带圆弧。刃磨后的刮刀平面应平整光洁，刃口无缺陷。

（2）刃磨刮刀应在油石上进行。操作时在油石上加适量机油，先磨上下两个平面，直至平面平整，然后磨端面。刃磨时左手扶住手柄，右手紧握刀身，使刮刀直立在油石上，略带前倾地向前推移，拉回时刀身略微提起，以免磨损刃口。如此反复，直到切削部分形状、角度符合使用要求且刃口锋利为止。初学时还可将刮刀上部靠在肩上，两手握刀身，向后拉动来磨刃口，而向前则将刮刀提起。此方法速度较慢，但容易掌握，需待熟练掌握后再采用前述磨法。

2. 刮削标准用具

刮削标准用具也称研具。图 8-1 所示标准用具用于检验刮削质量、鉴定表面的接触精度。常用的标准用具有：

1）标准平板：用于检验较宽的刮削，它具有较高的精度。检验时所选用的平板应大于刮削的表面。

2）标准直尺：用来检验狭长平面的直线度，如检验较大导轨直线度所用的桥式直尺等。

3）标准角度直尺：用于检验工件角度，如检验燕尾槽的角度。

4）检验轴：用于检验曲面和圆柱形内表面，一般多用与所刮曲面相配后的实轴替代。

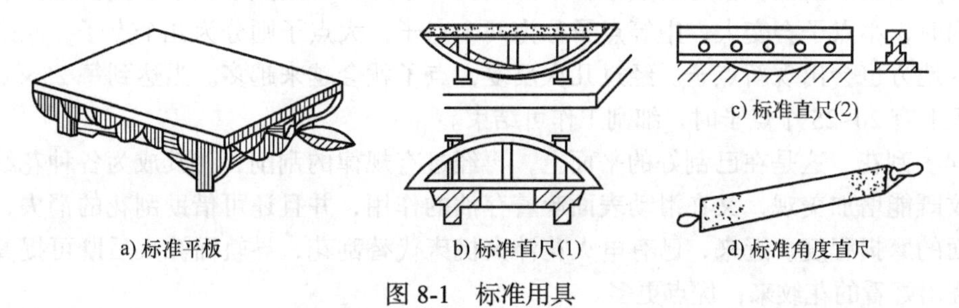

图 8-1　标准用具

3. 显示剂

把标准用具与刮削表面配合在一起，加一定的压力相互摩擦，刮削面上的凸起处就被磨成亮点，若在两摩擦面间加入颜料，就可使最凸起、次凸起和凹处的颜色不同，就可容易分辨，为刮削指示了地点，这种方法叫差研点子，所加颜料就是显示剂。常用的显示剂有两种：

（1）红丹粉：红丹粉分为铁丹（紫红色）和铅丹（橘红色），用机油加以调和而成。它具有点子显示清晰、无反光、价格低廉的特点，多用于钢铁件。

（2）蓝油：又叫淡金水，所显示的点子更明显，多用于精密件和有色金属的精刮。

显示剂有两种使用方法。一种方法是将显示剂涂在标准用具上，研点子后只把刮削面上的高点处着成黑红色，底处不着色，呈灰白色，有闪点，较眩目。使用这种方法，切屑不易粘在刃口上，且节约显示剂，多用于粗刮。另一种方法是将显示剂涂于工件表面，研点子后工件显示为黑红底，暗亮点，没有闪光，易于辨认，但切屑易粘在刃口上，且每次研点都得将留存的显示剂擦净，重新涂抹。无论哪种方法，涂抹显示剂时都必须均匀并随刮削精度的提高而逐渐减薄。

4. 平面刮削法

平面刮削法适用于刮削各种互相配合的平面和滑动平面，如平板、角度垫铁和机床导轨的滑动面等。

刮削平面时，刮刀做前后直线运动，前推进行切削，后退为空行程。所加压力的大小根据加工材料确定。材料较硬时，加压应大；材料较软时，加压应小。

根据工件的精度要求，刮削分为粗刮、细刮、精刮和刮花几种。

（1）粗刮　当机械加工后，表面刀痕显著、刮削余量较大或者工件表面生锈时，都需要首先进行粗刮。粗刮时，用长刮刀，刀口端部要平，刮过的刀迹较宽（10mm 以上），行程较长（10~15mm），刀迹要连成一片，不可重复。当高起的接触点达到每 $25 \times 25mm^2$ 内有 4~6 个时，粗刮就算达到了要求。

（2）细刮　粗刮后的表面高低相差很大，细刮就是要将高点刮去，让更多的点子显示出来。细刮时，刮刀磨得中间略凸一些。刀迹宽 6mm 左右，长 5~10mm，刀迹依点子而分布。连续两次的刮削方向，应形成 45° 或 60° 的网纹。当点子达到每 $25 \times 25mm^2$ 的面积上有 10~16 个时，细刮就算完成了。

（3）精刮　在细刮后要进一步提高质量，则需进行精刮。精刮时，用小刮刀轻刮，刀迹宽 4mm 左右，长约 5mm。当点子逐渐增多时，可将点子分为三种类型刮削：最大最亮的点子全部刮去；中等的点子在中部刮去一小片；小的点子留下不刮。经推磨第二次刮削时，小点子会变大，中等点子分为两个点子，大点子则分为几个点子，原来没有点子的地方也会出现新点子。经过几次反复，点子就会越来越多。当达到每 $25 \times 25mm^2$ 的面积上有 20~25 个点子时，细刮工作可结束。

（4）刮花　这是在已刮好的平面上，再经过有规律的刮削，使其成为各种花纹。这些花纹既能增加美观，又在滑动表面起着存油的作用，并且还可借助刮花的消失，来判断平面的磨损程度。近来，已有电火花淬火机床代替刮花，导轨面淬火后既可提高硬度又可烧出好看的花纹来，优点更多。

5. 原始平板的刮削

平板是检验工具中最基本且重要的一种，所以必须做得非常精密。如果要刮削的平板只是一块，则必须用标准平板合研。如果连标准平板也没有，则必须用三块原始平板相互配合刮削，称为三块互研法。

刮削前先将三块平板编号（如Ⅰ、Ⅱ、Ⅲ），接着分别粗刮一遍，除去机械加工留下的刀痕，然后按照下列顺序进行合研刮削。

（1）以Ⅰ为基准，将Ⅱ和Ⅲ与Ⅰ合研后刮削，达到密合后，再将Ⅱ和Ⅲ合研并同时刮削。

（2）以Ⅱ为基准，将Ⅰ和Ⅱ合研后刮削，达到密合后，再将Ⅱ和Ⅲ合研并同时刮削。

（3）以Ⅲ为基准，将Ⅱ和Ⅲ合研后刮削，达到密合后，再将Ⅰ和Ⅱ合研并同时刮削。

接着仍以Ⅰ为基准，按上述顺序循环进行，直至达到平板所要求的精确度。

6. 划线平台安装调试

划线平台在使用时要先进行安装调试，然后才可以使用。在没有安装调试合格的铸铁平板上工作是没有意义的工作，违规安装调试铸铁平板，有可能损坏铸铁平板的结构，甚至会造成铸铁平板变形，使之损坏，无法使用。所以使用前，要由专业的工作人员进行铸铁平板的安装调试，在划线平台安装调试后，把铸铁平板的工作面擦拭干净，在确认没有问题的情况下使用，使用过程中，要注意避免工件和铸铁平板的工作面有过激的碰撞，防止损坏铸铁平板的工作面。工件的重量更不可以超过铸铁平板的额定载荷，否则会造成工件质量降低，还有可能损坏铸铁平板的结构，甚至会造成铸铁平板变形，使之损坏，无法使用。

7. 如何保养铸铁平板

（1）铸铁平板长期不用时，若不采取合适的防锈措施，会造成大面积锈蚀，严重时会引起平台损坏。暂时停用的铸铁平板的防锈可分为短期防锈和长期防锈，又可分为现场整机防锈和异地防锈。长期防锈有两种方法：一是与短期防锈相同，处理后用内装干燥剂的密封罩罩上平板；二是用防锈油进行防锈，然后用中性石蜡纸或苯甲酸钠纸包裹。储存场地内的储物架子要距离地面一定高度，短期防锈保存是针对室内临时存放的平板及工、量具而言的，也包括双休日不使用的设备。设备加工完零件后，当场对设备进行防锈处理。简单有效的方法是清洗或清理设备表面污垢后，进行涂装防锈。导轨、夹具等裸露面和运动部件刷涂防锈油后，为防止防锈油吸附灰尘，必须用罩布罩上设备。铸铁平板内表面和内腔刷涂或喷涂防锈油，外面再加密封保护。具体防锈保护方法：

1）涂覆防锈润滑油、封存防锈油：防锈润滑油常温涂覆，既有防锈性又有润滑性，适用于一般机械设备润滑部位的防锈封存；封存防锈油在室温下使用，防锈性能好，油膜薄，用量少，启封方便，是应用最广泛的防锈油。

2）涂覆置换型防锈油：机械设备及铸铁平板、工量具的金属表面容易沾染手上的汗水，汗水中含有氯化钠、乳酸，易溶于水，不溶于石油溶剂，常引起指纹状锈迹。置换型防锈油中表面活性剂的吸附作用很强，迫使水微粒离开金属表面，形成油包水微粒，不再腐蚀金属表面。

3）涂覆溶剂稀释型防锈油：这种防锈油的特点是含有可以挥发的溶剂，涂覆以后溶剂挥发，形成一层均匀的保护膜，保护金属表面免遭侵蚀。应用较多的是硬膜防锈油，溶剂稀释型硬膜防锈油形成的保护膜有一定的机械强度，不易碎裂、不粘灰尘，防锈性好，可以长时间在室内外使用，适用于大、中型形状简单的设备的防锈保护。因含有挥发性易燃溶剂，使用时要特别注意防火。溶剂稀释型防锈油主要用于短期防锈，个别用于封存，其配制、去除方便，对环境污染小，价格低廉，使用安全性好，是常用的防锈材料。

（2）铸铁平板及工、量具使用过中的防锈措施：

1）加工车间应保持清洁，防止大量灰尘进入，同时降低车间湿度，库房在夏季应进行除湿，冬季注意因低温返霜引起的锈蚀。

2）每天工作完毕后要用防锈油擦拭设备运动部位和裸露部位。

（1）刮削前，工件表面必须经过精铣或精刨等精加工。由于刮削的切削量小，因此刮削前的加工余量一般在 0.05~0.4mm 之间，具体根据刮削面积而定，见表 8-1。

表 8-1 刮削余量 （单位：mm）

平面的刮削余量					
平面宽度	平面长度				
	100~500	≥ 500~1000	≥ 1000~2000	≥ 2000~4000	≥ 4000~6000
＜100	0.10	0.15	0.20	0.25	0.30
≥ 100~500	0.15	0.20	0.25	0.30	0.40
孔的刮削余量					
孔径	孔长				
	＜ 100	≥ 100~200	≥ 200~300		
＜ 80	0.05	0.08	0.12		
≥ 80~180	0.10	0.15	0.25		
≥ 180~350	0.15	0.20	0.35		

（2）刮削后的工件表面，按接触斑点、平面度和直线度等形状公差来检验，检验时用边长为 25mm 的方框罩在与校准工具配研过的被检查表面上，检测框内接触斑点数目。合格件应达到表 8-2 和表 8-3 所列要求。

表 8-2 平面接触斑点

平面种类	接触斑点数	应用范围
普通平面	2~5	较粗糙机件的固定接合面
	5~8	一般接合面
	8~12	机器台面、一般基准面、机床导向面、密封接合面
	12~16	机床导轨及导向面、工具基准面、量具接触面
精密平面	16~20	精密机床导轨、平尺
	20~25	精密量具、一级平板
超精密平面	＞ 25	精密量具、零级平板、高精度机床导轨

表 8-3 轴承接触斑点

轴承直径 / mm	机床或精密机械主轴轴承			锻压设备和通用机械轴承		动力机械和冶金设备轴承	
	高精度	精密	一般	重要	一般	重要	一般
	每 25 × 25mm² 面积内的研点数						
≤ 120	25	20	16	12	8	8	5
＞ 120	20	16	10	8	6	6	2

等级评定：A：好；B：较好；C：一般；D：有待提高。

学习活动过程评价表

班级		姓名		学号		日期	年 月 日
评价内容（满分100分）				学生自评	同学互评	教师评价	总评
专业技能（60分）	工作页完成进度（30分）						A（86~100） B（76~85） C（60~75） D（60以下）
	对理论知识的掌握程度（10分）						
	理论知识的应用能力（10分）						
	改进能力（10分）						
综合素养（40分）	遵守现场操作的职业规范（10分）						
	信息获取的途径（10分）						
	按时完成学习和工作任务（10分）						
	团队合作精神（10分）						
总分							
综合得分 （学生自评占10%、同学互评占10%、教师评价占80%）							
小结建议							

现场测试考核评价表

班级		姓名		学号		日期	年 月 日
序号	评价要点				配分	得分	总评
1	能正确选择刮刀的材料、种类、尺寸及几何角度				15		A（86~100） B（76~85） C（60~75） D（60以下）
2	能进行平面刮刀的刃磨				15		
3	能正确进行平面刮削				15		
4	能对平板刮削质量进行检测				15		
5	能按企业工作要求请操作人员验收，并交付使用				10		
6	能按照6S管理要求清理场地				10		
7	能遵守劳动纪律，以积极的态度接受工作任务				5		
8	能积极参与小组讨论，团队间相互合作				10		
9	能及时完成老师布置的任务				5		
总分					100		
小结建议							

等级评定：A：好；B：较好；C：一般；D：有待提高。

学习活动4 作品展示、任务验收、交付使用

1. 能完成工作任务验收单的填写，明确验收要求。
2. 能按照企业工作制度请工作人员验收，交付使用。
3. 能按照企业要求进行6S管理。

学习过程

1. 根据任务要求，熟悉工作任务验收单格式，并完成验收单的填写工作。

工作任务验收单	
任务名称	
任务实施单位	
任务时间节点	
验收日期	
验收项目及要求	
验收人	

2. 验收结束后，按照企业6S管理要求，整理现场，并完成下列表格的填写。

序号	名称	自我评价	做得较好的方面	做得不满意的方面	改进措施
1	整理				
2	整顿				
3	清扫				
4	清洁				
5	素养				
6	安全				

学习活动过程评价表

班级		姓名		学号		日期	年 月 日
评价内容（满分100分）					学生自评	同学互评	教师评价	总评
专业技能（60分）	工作页完成进度（30分）							A（86~100） B（76~85） C（60~75） D（60以下）
	对理论知识的掌握程度（10分）							
	理论知识的应用能力（10分）							
	改进能力（10分）							
综合素养（40分）	遵守现场操作的职业规范（10分）							
	信息获取的途径（10分）							
	按时完成学习和工作任务（10分）							
	团队合作精神（10分）							
总分								
综合得分（学生自评占10%、同学互评占10%、教师评价占80%）								
小结建议								

现场测试考核评价表

班级		姓名		学号		日期	年 月 日
序号	评价要点				配分	得分	总评
1	能正确填写验收单				15		A（86~100） B（76~85） C（60~75） D（60 以下）
2	能说出项目验收的要求				15		
3	能对刮削工具进行分类和认识				15		
4	能填写刮削工具名称、使用方法及注意事项				15		
5	能按企业工作制度请操作人员验收，并交付使用				10		
6	能按照 6S 管理要求清理场地				10		
7	能遵守劳动纪律，以积极的态度接受工作任务				5		
8	能积极参与小组讨论，团队间相互合作				10		
9	能及时完成老师布置的任务				5		
总分					100		
小结建议							

学习活动 5 工作总结与评价

学习目标

1. 能按分组情况，分别派代表展示工作成果，说明本次任务的完成情况，并作分析总结。
2. 能结合自身任务完成情况，正确规范撰写工作总结（心得体会）。
3. 能就本次任务中出现的问题，提出改进措施。
4. 能对学习与工作进行反思总结，并能与他人开展良好合作，进行有效的沟通。

学习过程

1. 展示评价（个人、小组评价）

每个人先在组里进行经验交流与成果展示，再由小组推荐代表作必要的介绍。在交流的过程中，以组为单位进行评价。评价完成后，根据其他组成员对本组设备安装调试的评价意见进行归纳总结。完成如下项目：

1）交流的结论是否符合生产实际？

符合□　　基本符合□　　不符合□

2）与其他组相比，本小组设计的安装工艺如何？

工艺优化□　　工艺合理□　　工艺一般□

3）本小组介绍经验时表达是否清晰？

很好□　　一般，常补充□　　不清楚□

4）本小组演示时，是否符合操作规程？

正确□　　部分正确□　　不正确□

5）本小组演示操作时遵循了 6S 工作要求吗？

符合工作要求□　　忽略了部分要求□　　完全没有遵循□

6）本小组的成员团队创新精神如何？

良好□　　一般□　　不足□

2. 自评总结（心得体会）

____

____

____

____

____

3. 教师评价

1）找出各组的优点进行点评。

2）对展示过程中各组的缺点进行点评，提出改进方法。

3）对整个任务完成中出现的亮点和不足进行点评。

总体评价表

班级：　　姓名：　　学号：

项目	自我评价			小组评价			教师评价		
	10~9	8~6	5~1	10~9	8~6	5~1	10~9	8~6	5~1
	占总评 10%			占总评 30%			占总评 60%		
学习活动 1									
学习活动 2									
学习活动 3									
学习活动 4									
协作精神									
纪律观念									
表达能力									
工作态度									
安全意识									
任务总体表现									
小计									
总评									

8.3 学习任务应知应会考核

1. 填空题

1）用________刮除工件表面________的加工方法称为刮削。

2）刮削可分为________刮削和________刮削两种。

3）经过刮削的工件能获得很________的精度、形状和位置精度、________精度________精度和很小的表面________。

4）常用的平面刮刀有________刮刀和________刮刀两种。

5）校准工具是用来检验________和检查刮削面________的工具。

6）红丹粉广泛用于________工件和________工件。

7）蓝油由________和________及适量机油调和而成，适用于精密工件和________金属及其合金的工件上。

8）粗刮时，显示剂应涂在________表面上；精刮时，显示剂应涂在________表面上。

9）检查刮削质量的方法有：用边长为 25mm 的正方形方框内的研点数来确定________精度；用框式水平仪检查________和________。

2. 简答题

1）平面刮刀分粗、细、精三种，说明它们的顶端角度的不同。

2）什么是粗刮削、细刮削、精刮削？刮花的作用是什么？

3）什么叫显示剂？

4）平面刮削过程中，应注意哪些问题？

5）刮削面产生振痕和深凹痕的原因是什么？

3. 技能题

根据图 8-2 所示刮削原始平板。

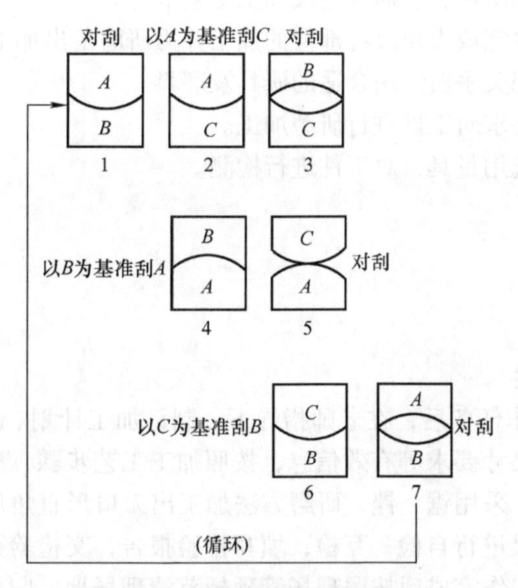

图 8-2 原始平板刮削步骤

任务9 研磨——直角尺制作

9.1 学习任务要求

9.1.1 知识目标

1. 了解研磨的作用及原理。
2. 了解研具材料的种类。
3. 了解研磨剂。
4. 了解磨料的作用。
5. 掌握手工研磨的运动轨迹。
6. 掌握平面研磨的方法。

9.1.2 素质目标

1. 遵守现场操作的职业规范，具备安全、整洁、规范实施工作任务的能力。
2. 具有良好的职业道德、职业责任感和不断学习的精神。
3. 具有不断开拓创新的意识。
4. 具有团队交流和协作能力。

9.1.3 能力目标

1. 能接受直角尺制作任务，明确加工工期、加工要求，制订加工计划。
2. 能正确识读直角尺加工图样。
3. 能对照直角尺加工图样，看懂直角尺加工工艺卡片。
4. 能按加工工艺步骤完成直角尺各部位的加工并为研磨留出加工余量。
5. 能通过查阅钳工相关手册选用合适的研具及磨料。
6. 能按研磨工艺的要求对工件进行研磨加工。
7. 能按检测要求，选用量具，对工件进行检测。
8. 能撰写工作报告。

9.2 工作页

9.2.1 工作任务情景描述

接受老师制订的工作任务后，在老师指导下，制订加工计划，识读直角尺制作图样，获取直角尺的结构特点、尺寸要求等有效信息，按照加工工艺步骤，独立利用划针、高度尺等划线工具划出加工界线，采用锯、锉、研磨方法加工出刀口形直角尺（见图 9-1）。选择符合检测要求的量具对直角尺进行自检、互检，填写检验报告，交检验人员验收合格后，填写工作单，进行成果展示。工作完成后按照现场管理规范清理场地、归置物品，并按照环保规定处置废弃物。完成工作报告的撰写。

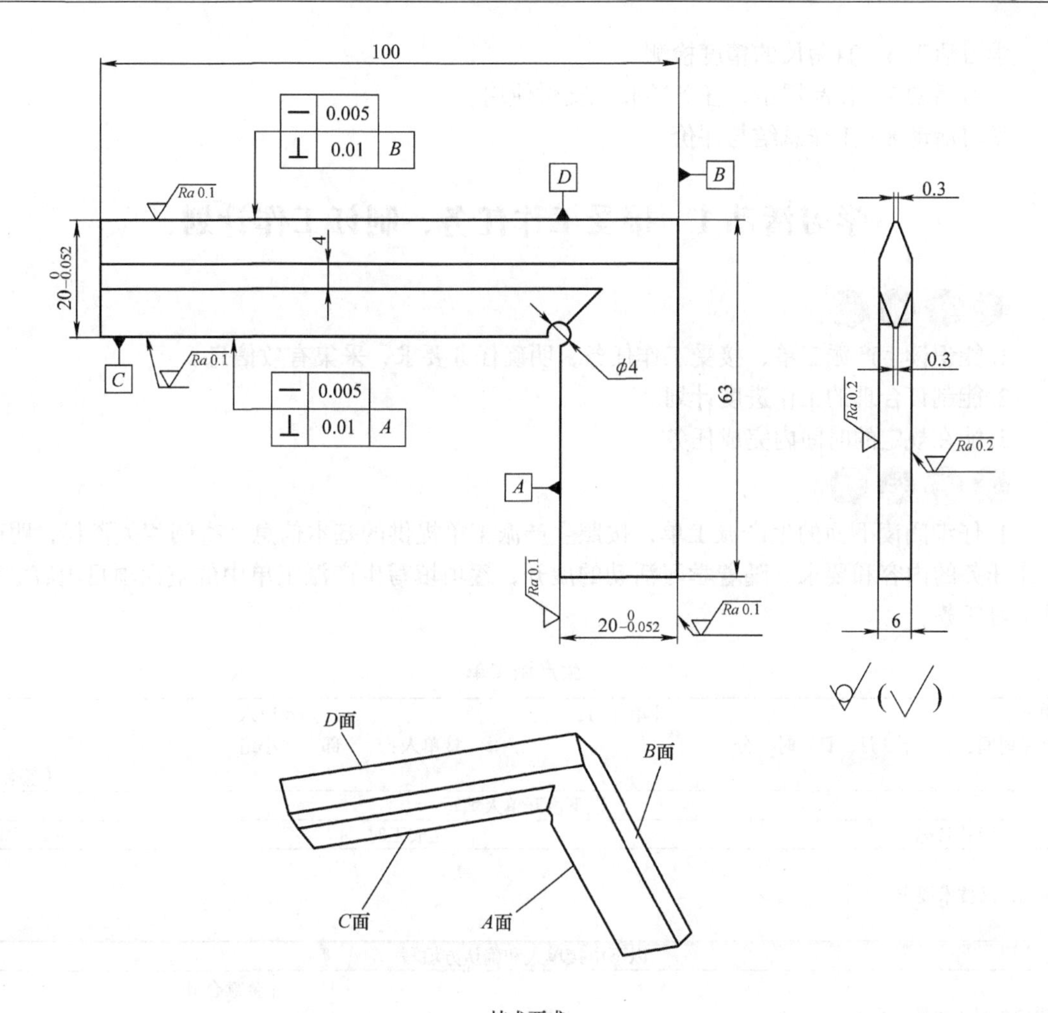

技术要求

1. A面与B面、C面与D面应相互平行，其平行度误差要求小于0.01mm。

2. A面与B面的直线度误差要求在0.005mm以内。

图 9-1 刀口形直角尺制作示意图

9.2.2 工作流程与学习活动

小组成员在接到任务后，到现场与操作人员沟通，认真观察钳工工作场地，查阅刀口形直角尺研磨过程的相关资料后，进行任务分工安排，制订工作流程和步骤，做好准备工作。在工作过程中，认真记录和抄写刀口形直角尺研磨过程操作要领，能正确选用刀口形直角尺研磨工具；会分析刀口形直角尺研磨过程中常见的缺陷及防止方法。在工作过程中严格遵守安全操作规程，按照现场管理规范清理场地、归置物品，并按照环保规定处置废弃物。工作完成后，请指导教师验收。最后，撰写工作小结，小组成员进行经验交流。

学习活动 1 接受工作任务、制订工作计划

学习活动 2 抄画直角尺图样、制订加工工艺

学习活动 3 直角尺的钳工加工

学习活动 4 研具和磨料的选择

学习活动 5 直角尺的研磨

学习活动 6　直角尺的精度检测
学习活动 7　作品展示、任务验收、交付使用
学习活动 8　工作总结与评价

学习活动 1　接受工作任务、制订工作计划

学习目标

1. 能识读生产派工单，接受工作任务，明确任务要求，采集有效信息。
2. 能制订合理的工作进度计划。
3. 能在规定的时间内完成任务。

学习过程

1. 仔细阅读下面的生产派工单，按照生产派工单提供的基本信息，查阅相关资料，明确工作任务的内容和要求。随着学习活动的展开，逐项填写生产派工单中的空白项目内容，完成学习任务。

生产派工单

<table>
<tr><td colspan="5">单号：　　开单部门：　　开单人：
开单时间：　年　月　日　时　分　　接单人：　部　小组
（签名）</td></tr>
<tr><td colspan="5">以下由开单人填写</td></tr>
<tr><td>产品名称</td><td colspan="2"></td><td>完成工时</td><td>工时</td></tr>
<tr><td>产品技术要求</td><td colspan="4"></td></tr>
<tr><td colspan="5">以下由接单人和确认方填写</td></tr>
<tr><td>领取材料（含消耗品）</td><td colspan="2"></td><td rowspan="2">成本核算</td><td rowspan="2">金额合计：
仓管员（签名）
年　月　日</td></tr>
<tr><td>领用工具</td><td colspan="2"></td></tr>
<tr><td>操作者检测</td><td colspan="4">（签名）
年　月　日</td></tr>
<tr><td>班组检测</td><td colspan="4">（签名）
年　月　日</td></tr>
<tr><td>质检员检测</td><td colspan="4">（签名）
年　月　日</td></tr>
<tr><td rowspan="4">生产数量统计</td><td>合格</td><td colspan="3"></td></tr>
<tr><td>不良</td><td colspan="3"></td></tr>
<tr><td>返修</td><td colspan="3"></td></tr>
<tr><td>报废</td><td colspan="3"></td></tr>
<tr><td colspan="5">统计：　　审核：　　批准：</td></tr>
</table>

2. 根据任务要求，对现有小组成员进行合理分工，并填写分工表。

序号	组员姓名	任务分工	备注

3. 查阅资料，小组讨论并制订直角尺研磨工作计划。

序号	工作内容	完成时间	工作要求	备注
1	接受生产派工单		认真识读生产派工单，了解任务要求	

评价与分析

活动过程评价自评表

班级		姓名		学号		日期	年 月 日		
评价指标	评价要素				权重	等级评定			
						A	B	C	D
信息检索	能够有效利用网络资源、工作手册查找有效信息				5%				
	能够用自己的语言有条理地去解释、表述所学知识				5%				
	能够将查找到的信息有效转换到工作中				5%				
感知工作	能够熟悉工作岗位，认同工作价值				5%				
	在工作中，能够获得满足感				5%				
参与状态	与教师、同学之间能够相互尊重、理解、平等对待				5%				
	与教师、同学之间能够保持多向、丰富、适宜的信息交流				5%				
	探究学习，自主学习不流于形式，处理好合作学习和独立思考的关系，做到有效学习				5%				
	能够提出有意义的问题或能够发表个人见解；能够按要求正确操作；能够倾听、协作分享				5%				
	积极参与，在产品加工过程中不断学习，综合运用信息技术的能力提高很大				5%				
学习方法	工作计划、操作技能符合规范要求				5%				
	能够获得了进一步发展的能力				5%				
工作过程	遵守管理规程，操作过程符合现场管理要求				5%				
	平时上课的出勤情况和每天完成工作任务情况				5%				
	善于多角度思考问题，能够主动发现、提出有价值的问题				5%				
思维状态	能够发现问题、提出问题、分析问题、解决问题				5%				

（续）

班级	姓名	学号	日期	年　月　日		
评价指标	评价要素	权重	等级评定			
			A	B	C	D
自评反馈	按时按质完成工作任务	5%				
	较好地掌握专业知识点	5%				
	具有较强的信息分析能力和理解能力	5%				
	具有较为全面严谨的思维能力并能够条理明晰地表述成文	5%				
自评等级						
有益的经验和做法						
总结反思建议						

等级评定：A：好；B：较好；C：一般；D：有待提高。

学习活动 2　抄画直角尺图样、制订加工工艺

学习目标

1. 能确定直角尺加工步骤，能分析图样中的图形要素。
2. 能理解位置公差符号含义。
3. 能正确识读直角尺加工图样。
4. 能运用 CAD 绘图软件抄画直角尺图样。
5. 能对照直角尺加工图样，填写直角尺加工工艺卡。

引导问题

1. 分析图样。

序号	定形尺寸	定位尺寸	绘图基准	图形特点

2. 结合直角尺图样，解释下列几何公差代号含义。

（1）

—	0.005	
⊥	0.01	*A*
//	0.01	*D*

____

____

____

____

（2）

—	0.005	
⊥	0.01	B

____

____

____

3. 用 CAD 绘图软件抄画直角尺图样。

4. 填写直角尺加工工艺步骤。

直角尺加工工艺步骤

工序	工步	操作内容	精度要求	加工余量	主要工、量具
直角尺的钳工加工	划线				
	钻工艺孔				
	锯削				
	锉削				
直角尺的磨削加工	粗磨				
	精磨				
直角尺的研磨	粗研				
	精研				

学习活动过程评价表

班级		姓名		学号		日期	年　月　日
评价内容（满分 100 分）				学生自评	同学互评	教师评价	总评
专业技能（60 分）	工作页完成进度（30 分）						A（86~100） B（76~85） C（60~75） D（60 以下）
	对理论知识的掌握程度（10 分）						
	理论知识的应用能力（10 分）						
	改进能力（10 分）						
综合素养（40 分）	遵守现场操作的职业规范（10 分）						
	信息获取的途径（10 分）						
	按时完成学习和工作任务（10 分）						
	团队合作精神（10 分）						
总分							
综合得分 （学生自评占 10%、同学互评占 10%、教师评价占 80%）							
小结建议							

现场测试考核评价表

班级		姓名		学号		日期	年 月 日
序号	评价要点				配分	得分	总评
1	能确定刀口形直角尺研磨加工步骤，能分析图样中的图形要素				10		A（86~100） B（76~85） C（60~75） D（60 以下）
2	能理解形状公差符号含义				10		
3	能理解形状公差符号含义				10		
4	能正确识读直角尺加工图样				10		
5	能运用 CAD 绘图软件抄画直角尺图样				10		
6	能对照直角尺加工图样，填写直角尺加工工艺卡				10		
7	能按企业工作要求请操作人员验收，并交付使用				10		
8	能按照 6S 管理要求清理场地				10		
9	能遵守劳动纪律，以积极的态度接受工作任务				5		
10	能积极参与小组讨论，团队间相互合作				10		
11	能及时完成老师布置的任务				5		
总分					100		
小结建议							

等级评定：A：好；B：较好；C：一般；D：有待提高。

学习活动 3　直角尺的钳工加工

学习目标

能按加工工艺步骤完成直角尺各部位的钳工加工，并为研磨留出加工余量。

引导问题

1. 结合直角尺图样找出直角尺加工基准。

____

____

____

____

2. 结合直角尺图样找出直角尺工艺孔，并说明其作用。

____

____

____

____

学习活动过程评价表

班级		姓名		学号		日期	年 月 日
评价内容（满分100分）				学生自评	同学互评	教师评价	总评
专业技能（60分）	工作页完成进度（30分）						A（86~100） B（76~85） C（60~75） D（60以下）
	对理论知识的掌握程度（10分）						
	理论知识的应用能力（10分）						
	改进能力（10分）						
综合素养（40分）	遵守现场操作的职业规范（10分）						
	信息获取的途径（10分）						
	按时完成学习和工作任务（10分）						
	团队合作精神（10分）						
总分							
综合得分 （学生自评占10%、同学互评占10%、教师评价占80%）							
小结建议							

现场测试考核评价表

班级		姓名		学号		日期	年 月 日
序号	评价要点				配分	得分	总评
1	能按加工工艺步骤完成直角尺各部位的钳工加工				20		A（86~100） B（76~85） C（60~75） D（60以下）
2	能正确留出研磨加工余量				20		
3	能正确识读直角尺加工图样				10		
4	能对照直角尺加工图样，填写直角尺加工工艺卡				10		
5	能按企业工作要求请操作人员验收，并交付使用				10		
6	能按照6S管理要求清理场地				10		
7	能遵守劳动纪律，以积极的态度接受工作任务				5		
8	能积极参与小组讨论，团队间相互合作				10		
9	能及时完成老师布置的任务				5		
总分					100		
小结建议							

等级评定：A：好；B：较好；C：一般；D：有待提高。

学习活动 4　研具和磨料的选择

学习目标

能通过查阅钳工相关手册选用合适的研具及磨料。

引导问题

1. 研磨的工作原理为____。

2. 通过阅读下表，指出________________________________加工精度最高。

	加工方法	加工情况	表面放大的情况	表面粗糙度
不同加工方法所获得表面粗糙度的比较	车	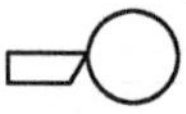	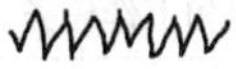	Ra1.5~80 μm
	磨		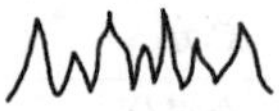	Ra0.9~5 μm
	压光	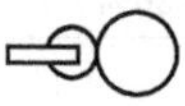		Ra0.15~2.5 μm
	研磨			Ra0.15~1.5 μm
	研磨	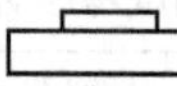		Ra0.1~1.6 μm

3. 研具材料的使用范围。

灰铸铁：____

球墨铸铁：____

软钢：____

纯铜：____

4. 图 9-2 所示平板中哪个用于粗研磨？

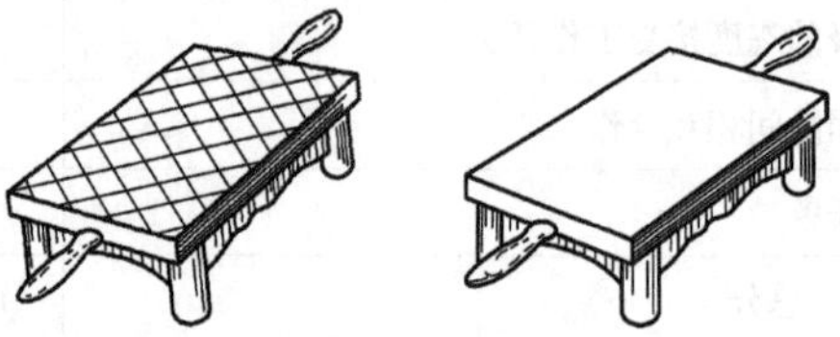

图 9-2　研磨平板

5. 磨料的种类：____

粗细规格：____

学习活动过程评价表

班级		姓名		学号		日期	年　月　日
评价内容（满分100分）				学生自评	同学互评	教师评价	总评
专业技能（60分）	工作页完成进度（30分）						A（86~100） B（76~85） C（60~75） D（60以下）
	对理论知识的掌握程度（10分）						
	理论知识的应用能力（10分）						
	改进能力（10分）						
综合素养（40分）	遵守现场操作的职业规范（10分）						
	信息获取的途径（10分）						
	按时完成学习和工作任务（10分）						
	团队合作精神（10分）						
总分							
综合得分（学生自评占10%、同学互评占10%、教师评价占80%）							
小结建议							

现场测试考核评价表

班级		姓名		学号		日期	年　月　日
序号	评价要点				配分	得分	总评
1	能通过查阅钳工相关手册选用合适的研具及磨料				20		A（86~100） B（76~85） C（60~75） D（60以下）
2	能正确识读直角尺研磨加工图样				20		
3	能对照直角尺加工图样，填写直角尺研磨加工工艺卡				15		
4	能按企业工作要求请操作人员验收，并交付使用				10		
5	能按照6S管理要求清理场地				10		
6	能遵守劳动纪律，以积极的态度接受工作任务				10		
7	能积极参与小组讨论，团队间相互合作				5		
8	能及时完成老师布置的任务				10		
总分					100		
小结建议							

等级评定：A：好；B：较好；C：一般；D：有待提高。

学习活动5　直角尺的研磨

学习目标

能按研磨工艺的要求对工件进行研磨加工。

引导问题

1. 图9-3所示分别采用________________________运动轨迹研磨。

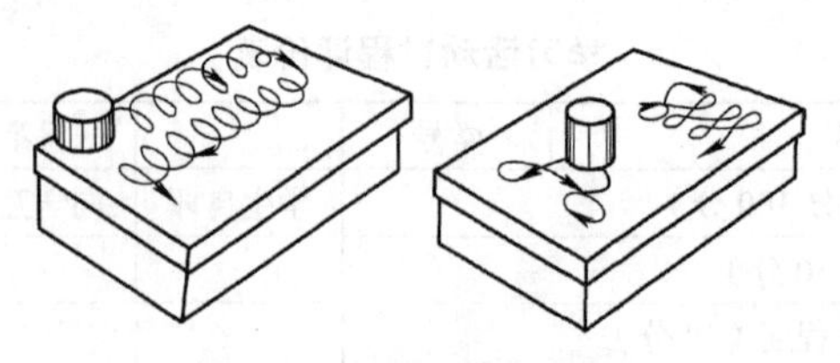

图 9-3 研磨运动轨迹

2. 描述刀口形直角尺研磨注意事项。

3. 研磨常见缺陷的分析。

缺陷形式	缺陷产生原因

学习活动过程评价表

<table>
<tr><td>班级</td><td></td><td>姓名</td><td></td><td>学号</td><td></td><td>日期</td><td>年 月 日</td></tr>
<tr><td colspan="2">评价内容（满分 100 分）</td><td>学生自评</td><td>同学互评</td><td>教师评价</td><td>总评</td></tr>
<tr><td rowspan="4">专业技能（60 分）</td><td>工作页完成进度（30 分）</td><td></td><td></td><td></td><td rowspan="9">A（86~100）
B（76~85）
C（60~75）
D（60 以下）</td></tr>
<tr><td>对理论知识的掌握程度（10 分）</td><td></td><td></td><td></td></tr>
<tr><td>理论知识的应用能力（10 分）</td><td></td><td></td><td></td></tr>
<tr><td>改进能力（10 分）</td><td></td><td></td><td></td></tr>
<tr><td rowspan="4">综合素养（40 分）</td><td>遵守现场操作的职业规范（10 分）</td><td></td><td></td><td></td></tr>
<tr><td>信息获取的途径（10 分）</td><td></td><td></td><td></td></tr>
<tr><td>按时完成学习和工作任务（10 分）</td><td></td><td></td><td></td></tr>
<tr><td>团队合作精神（10 分）</td><td></td><td></td><td></td></tr>
<tr><td colspan="2">总分</td><td></td><td></td><td></td></tr>
<tr><td colspan="2">综合得分
（学生自评占 10%、同学互评占 10%、教师评价占 80%）</td><td colspan="4"></td></tr>
<tr><td>小结建议</td><td colspan="5"></td></tr>
</table>

现场测试考核评价表

班级		姓名		学号		日期	年 月 日
序号	评价要点				配分	得分	总评
1	能按研磨工艺的要求对工件进行研磨加工				20		A（86~100） B（76~85） C（60~75） D（60以下）
2	能正确识读直角尺研磨加工图样				20		
3	能对照直角尺加工图样，填写直角尺研磨加工工艺卡				15		
4	能按企业工作要求请操作人员验收，并交付使用				10		
5	能按照6S管理要求清理场地				10		
6	能遵守劳动纪律，以积极的态度接受工作任务				10		
7	能积极参与小组讨论，团队间相互合作				5		
8	能及时完成老师布置的任务				10		
总分					100		
小结建议							

等级评定：A：好；B：较好；C：一般；D：有待提高。

学习活动6 直角尺的精度检测

学习目标

能按检测要求，选用量具，对工件进行检测。

引导问题

1. 垂直度的检测方法：________________。
2. 表面粗糙度的检测方法：________________。
3. 表面粗糙度对比块的保养方法：________________。
4. 游标万能角度尺各种角度的组合使用方法：________________。
5. 游标万能角度尺的保养方法：________________。

直角尺自检

工件名称	刀口形直角尺			总得分	
项目	质量检测内容	配分	评分标准	实测结果	得分
1	20−0.052mm（2处）	14	超差不得分		
2	尺座测量面（*A*、*B*）平面度误差为0.005mm（2处）	14	超差不得分		
3	刀口面直线度误差为0.005mm（2处）	12	超差不得分		
4	外直角垂直度误差为0.01mm	18	超差不得分		
5	内直角垂直度误差为0.01mm	18	超差不得分		
6	测量面表面粗糙度 $Ra \leqslant 0.1\mu m$（4面）	12	超差不得分		
7	两大平面表面粗糙度 $Ra \leqslant 0.2\mu m$（2面）	12	超差不得分		
8	安全文明生产	0~100	酌情扣分		
现场记录					

学习活动过程评价表

<table>
<tr><td>班级</td><td></td><td>姓名</td><td></td><td>学号</td><td></td><td>日期</td><td colspan="2">年　月　日</td></tr>
<tr><td colspan="6">评价内容（满分 100 分）</td><td>学生自评</td><td>同学互评</td><td>教师评价</td><td>总评</td></tr>
<tr><td rowspan="4">专业技能
（60 分）</td><td colspan="5">工作页完成进度（30 分）</td><td></td><td></td><td></td><td rowspan="9">A（86~100）
B（76~85）
C（60~75）
D（60 以下）</td></tr>
<tr><td colspan="5">对理论知识的掌握程度（10 分）</td><td></td><td></td><td></td></tr>
<tr><td colspan="5">理论知识的应用能力（10 分）</td><td></td><td></td><td></td></tr>
<tr><td colspan="5">改进能力（10 分）</td><td></td><td></td><td></td></tr>
<tr><td rowspan="4">综合素养
（40 分）</td><td colspan="5">遵守现场操作的职业规范（10 分）</td><td></td><td></td><td></td></tr>
<tr><td colspan="5">信息获取的途径（10 分）</td><td></td><td></td><td></td></tr>
<tr><td colspan="5">按时完成学习和工作任务（10 分）</td><td></td><td></td><td></td></tr>
<tr><td colspan="5">团队合作精神（10 分）</td><td></td><td></td><td></td></tr>
<tr><td colspan="6">总分</td><td></td><td></td><td></td></tr>
<tr><td colspan="6">综合得分
（学生自评占 10%、同学互评占 10%、教师评价占 80%）</td><td colspan="4"></td></tr>
<tr><td colspan="2">小结建议</td><td colspan="8"></td></tr>
</table>

现场测试考核评价表

<table>
<tr><td>班级</td><td></td><td>姓名</td><td></td><td>学号</td><td></td><td>日期</td><td>年　月　日</td></tr>
<tr><td>序号</td><td colspan="5">评价要点</td><td>配分</td><td>得分</td><td>总评</td></tr>
<tr><td>1</td><td colspan="5">能按检测要求，选用量具，对工件进行检测</td><td>20</td><td></td><td rowspan="10">A（86~100）
B（76~85）
C（60~75）
D（60 以下）</td></tr>
<tr><td>2</td><td colspan="5">能正确检测直角尺的垂直度</td><td>15</td><td></td></tr>
<tr><td>3</td><td colspan="5">能正确检测直角尺的粗糙度</td><td>10</td><td></td></tr>
<tr><td>4</td><td colspan="5">会正确保养直角尺</td><td>10</td><td></td></tr>
<tr><td>5</td><td colspan="5">能按企业工作要求请操作人员验收，并交付使用</td><td>10</td><td></td></tr>
<tr><td>6</td><td colspan="5">能按照 6S 管理要求清理场地</td><td>10</td><td></td></tr>
<tr><td>7</td><td colspan="5">能遵守劳动纪律，以积极的态度接受工作任务</td><td>10</td><td></td></tr>
<tr><td>8</td><td colspan="5">能积极参与小组讨论，团队间相互合作</td><td>5</td><td></td></tr>
<tr><td>9</td><td colspan="5">能及时完成老师布置的任务</td><td>10</td><td></td></tr>
<tr><td colspan="6">总分</td><td>100</td><td></td></tr>
<tr><td colspan="2">小结建议</td><td colspan="7"></td></tr>
</table>

等级评定：A：好；B：较好；C：一般；D：有待提高。

学习活动 7　作品展示、任务验收、交付使用

1. 能完成工作任务验收单的填写，明确验收要求。
2. 能按照企业工作制度请工作人员验收，交付使用。

3. 能按照企业要求进行6S管理。

学习过程

1. 根据任务要求，熟悉工作任务验收单格式，并完成验收单的填写工作。

工作任务验收单

任务名称	
任务实施单位	
任务时间节点	
验收日期	
验收项目及要求	
验收人	

2. 验收结束后，按照企业6S管理要求，整理现场，并完成下列表格的填写。

序号	名称	自我评价	做得较好的方面	做得不满意的方面	改进措施
1	整理				
2	整顿				
3	清扫				
4	清洁				
5	素养				
6	安全				

学习活动过程评价表

<table>
<tr><td>班级</td><td></td><td>姓名</td><td></td><td>学号</td><td></td><td>日期</td><td colspan="2">年 月 日</td></tr>
<tr><td colspan="5">评价内容（满分100分）</td><td>学生自评</td><td>同学互评</td><td>教师评价</td><td>总评</td></tr>
<tr><td rowspan="4">专业技能（60分）</td><td colspan="4">工作页完成进度（30分）</td><td></td><td></td><td></td><td rowspan="9">A（86~100）
B（76~85）
C（60~75）
D（60以下）</td></tr>
<tr><td colspan="4">对理论知识的掌握程度（10分）</td><td></td><td></td><td></td></tr>
<tr><td colspan="4">理论知识的应用能力（10分）</td><td></td><td></td><td></td></tr>
<tr><td colspan="4">改进能力（10分）</td><td></td><td></td><td></td></tr>
<tr><td rowspan="4">综合素养（40分）</td><td colspan="4">遵守现场操作的职业规范（10分）</td><td></td><td></td><td></td></tr>
<tr><td colspan="4">信息获取的途径（10分）</td><td></td><td></td><td></td></tr>
<tr><td colspan="4">按时完成学习和工作任务（10分）</td><td></td><td></td><td></td></tr>
<tr><td colspan="4">团队合作精神（10分）</td><td></td><td></td><td></td></tr>
<tr><td colspan="5">总分</td><td></td><td></td><td></td></tr>
<tr><td colspan="5">综合得分
（学生自评占10%、同学互评占10%、教师评价占80%）</td><td colspan="4"></td></tr>
<tr><td colspan="2">小结建议</td><td colspan="7"></td></tr>
</table>

现场测试考核评价表

班级		姓名		学号		日期	年 月 日
序号	评价要点				配分	得分	总评
1	能正确填写验收单				15		
2	能说出项目验收的要求				15		
3	会研磨加工的操作方法				15		
4	能填写研磨加工工具名称、使用方法及注意事项				15		
5	能按企业工作制度请操作人员验收，并交付使用				10		A（86~100） B（76~85） C（60~75） D（60 以下）
6	能按照 6S 管理要求清理场地				10		
7	能遵守劳动纪律，以积极的态度接受工作任务				5		
8	能积极参与小组讨论，团队间相互合作				10		
9	能及时完成老师布置的任务				5		
总分					100		
小结建议							

学习活动 8　工作总结与评价

学习目标

1. 能按分组情况，分别派代表展示工作成果，说明本次任务的完成情况，并作分析总结。
2. 能结合自身任务完成情况，正确规范撰写工作总结（心得体会）。
3. 能就本次任务中出现的问题，提出改进措施。
4. 能对学习与工作进行反思总结，并能与他人开展良好合作，进行有效的沟通。

学习过程

1. 展示评价（个人、小组评价）

每个人先在组内进行经验交流与成果展示，再由小组推荐代表作必要的介绍。在交流的过程中，以组为单位进行评价。评价完成后，根据其他组成员对本组任务完成情况的评价意见进行归纳总结。完成如下项目：

1）交流的结论是否符合生产实际？

符合□　　　　基本符合□　　　　不符合□

2）与其他组相比，本小组设计的工艺如何？

工艺优化□　　　　工艺合理□　　　　工艺一般□

3）本小组介绍经验时表达是否清晰？

很好□　　　　一般，常补充□　　　　不清楚□

4）本小组演示时，是否符合操作规程？

正确□ 部分正确□ 不正确□

5）本小组演示操作时遵循了6S工作要求吗？

符合工作要求□ 忽略了部分要求□ 完全没有遵循□

6）本小组的成员团队创新精神如何？

良好□ 一般□ 不足□

2. 自评总结（心得体会）

3. 教师评价

1）找出各组的优点进行点评。

2）对展示过程中各组的缺点进行点评，提出改进方法。

3）对整个任务完成中出现的亮点和不足进行点评。

总体评价表

班级： 姓名： 学号：

项目	自我评价			小组评价			教师评价		
	10~9	8~6	5~1	10~9	8~6	5~1	10~9	8~6	5~1
	占总评10%			占总评30%			占总评60%		
学习活动1									
学习活动2									
学习活动3									
学习活动4									
学习活动5									
学习活动6									
学习活动7									
协作精神									
纪律观念									
表达能力									
工作态度									
安全意识									
任务总体表现									
小计									
总评									

9.3 学习任务应知应会考核

1. 填空题

1）研磨可使工件达到精确的________、准确的________和很小的表面________。

2）研磨的基本原理就是________和________的综合作用。

3）一般情况下，经过研磨加工后的表面粗糙度 *Ra* 可达到__________，最小可达到________。

4）研磨是微量切削，研磨余量不宜太大，一般研磨量为________比较适宜。

5）常用的研具材料有灰铸铁、________、________、________和________。

6）研磨剂是由________和________调和而成的混合剂。

7）研磨后零件表面粗糙度很小，所以零件的耐磨性、________能力和________都相应地得到提高。

8）研磨剂在研磨中起________、________和润滑作用。

2. 简答题

1）什么叫研磨？

2）研磨加工有何作用？如何确定研磨余量？

3）常用研具材料有哪几种？分别用于什么场合？

4）磨料有哪几类？

3. 技能题

根据图 9-1 制作刀口形直角尺。

任务 10　钳工综合技能训练

学习任务 1　錾口锤子的制作

任务目标

1. 能合理选用钳工工具完成錾口锤子的制作，达到要求。
2. 会分析处理操作中产生的问题。

任务分析

如图 10-1 所示，錾口锤子制作是典型的复合练习。通过练习，进一步巩固基本操作技能，熟练掌握锉外圆面连接的方法，并达到连接圆滑、位置及尺寸正确等要求；提高推锉技能，达到纹理整齐、光洁，同时，也提高对各种零件加工工艺的分析能力，养成良好的文明生产习惯。

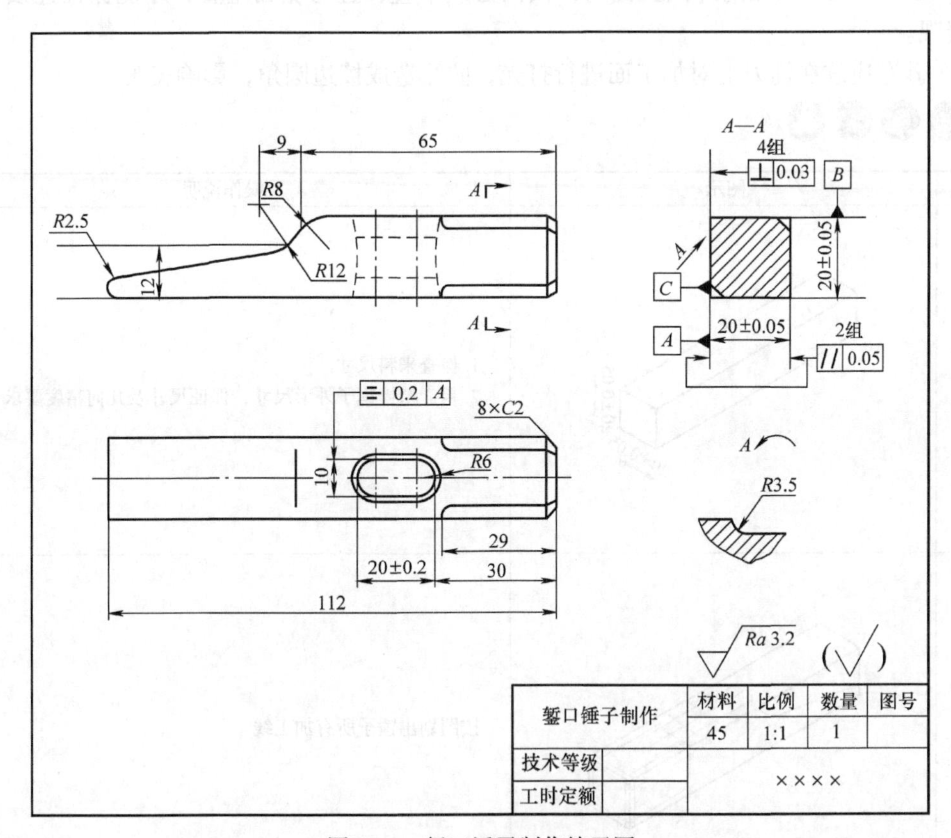

图 10-1　錾口锤子制作练习图

1. 材料准备

锯削长方体。

2. 工、量具准备

钳工常用锉刀、ϕ10 圆锉、半圆锉、手锯、皮尺、游标卡尺、刀口角尺、千分尺、高度划线尺、游标万能角度尺、R 规、划线工具、常用钻头、钢丝刷等。

3. 教学准备

领用工、量具及材料等，熟悉实训要求，复习相关理论知识。

錾口锤子加工方法：

1）钻腰形孔时，为防止钻孔位置偏斜、孔径扩大，造成加工余量不足，可先用 ϕ7mm 钻头钻底孔，做必要修整后，再用 ϕ9.7mm 的钻头扩孔。

2）锉腰形孔时，先锉两侧平面，保证对称度，再锉两端圆弧面。锉平面时，要控制好锉刀的横向移动，防止锉坏两端圆弧孔面。

3）锉倒角时，工件装夹位置要正确，防止工件夹伤。锉 $C3.5$ 倒角时，先用圆锉锉出内圆，再用扁锉加工倒角平面，扁锉横向移动时要防止锉坏圆弧面，造成圆弧塌角。

4）加工 $R12$ 与 $R8$ 内外圆弧面时，横向必须平直，且与侧面垂直，才能保证连接正确、外形美观。

5）砂布应放在锉刀上对加工面进行打光，防止造成棱边圆角，影响美观。

任务实施

序号	图示	操作说明
1	20±0.05 20±0.05	1. 检查来料尺寸 2. 粗、精锉锤子外形尺寸，保证尺寸及几何精度要求
2		按图划出锤子所有加工线

（续）

序号	图示	操作说明
3		1. 钻孔去除腰形孔余料，粗、精锉腰形孔表面 2. 腰形孔两端倒喇叭口
4		1. 锯去锤子舌部斜面余料，粗、精锉舌部斜面及 *R*12、*R*8 圆弧面 2. 粗、精锉舌部端面 *R*2.5 圆弧面，达到要求
5		锤子侧面倒角 4 × *C*3.5, 达到要求
6		锤子端部倒角 8 × *C*2，达到要求
7		全部精度复检，并做必要修整，锐边去毛毛刺、倒钝角

錾口锤子评分表

班级：______________姓名：______________学号：______________成绩：______________

序号	技术要求	配分	评分标准	自检记录	交检记录	得分
1	20 ±0.05（2）	8	超差全扣			
2	// 0.05 C（2）	6	超差全扣			
3	⊥ 0.03 B（4）	12	超差全扣			
4	*C*3.5 倒角尺寸正确（4）	12	每超差一处扣 3 分			
5	*R*3.5 内圆弧连接圆滑，尖端无塌角	8	每超差一处扣 2 分			
6	*R*12 与 *R*8 圆弧面连接圆滑	10	超差全扣			
7	舌部斜面平面度 0.03mm	10	超差全扣			
8	腰形孔长度（20 ±0.20）	10	超差全扣			
9	⌯ 0.2 A	8	超差全扣			
10	*R*2.5 圆弧面圆滑	8	超差全扣			
11	倒角均匀、各棱线清晰	4	每超差一处扣 0.5 分			
12	*Ra* ≤ 3.2 纹理整齐	4	超差全扣			
13	安全文明生产	扣分	违者每次扣 2 分，严重者扣 5~10 分			

重点提示

1）20mm外形尺寸可以稍留余量，内外圆弧加工时容易锉到外形面，待锤子成形后再做修整。

2）錾口锤子各加工线、倒角线、圆弧加工线划线正确，加工时保证各面的平面度。

3）内外圆弧面进行粗、精加工，最后用细扁锉、半圆锉推锉修整，达到连接圆滑、光洁、纹理整齐，最后外表面用细砂纸打光。

学习任务2　凹凸块锉削

任务目标

1. 能合理选用钳工工具完成凹凸锉削，达到要求。
2. 会通过间接尺寸控制来保证对称度加工要求。
3. 会分析处理操作中产生的问题。

任务分析

如图10-2所示，凹凸锉削是具有对称度要求的典型练习，对锉削的技能及测量要求较高。通过练习，主要掌握对称度要求的加工和测量方法，特别是提高测量的正确性，否则，工件锯断后无法达到配合要求。同时，会根据工件的具体加工情况，进行间接尺寸的计算和测量，为以后加工复杂的锉配零件打下必要的基础。

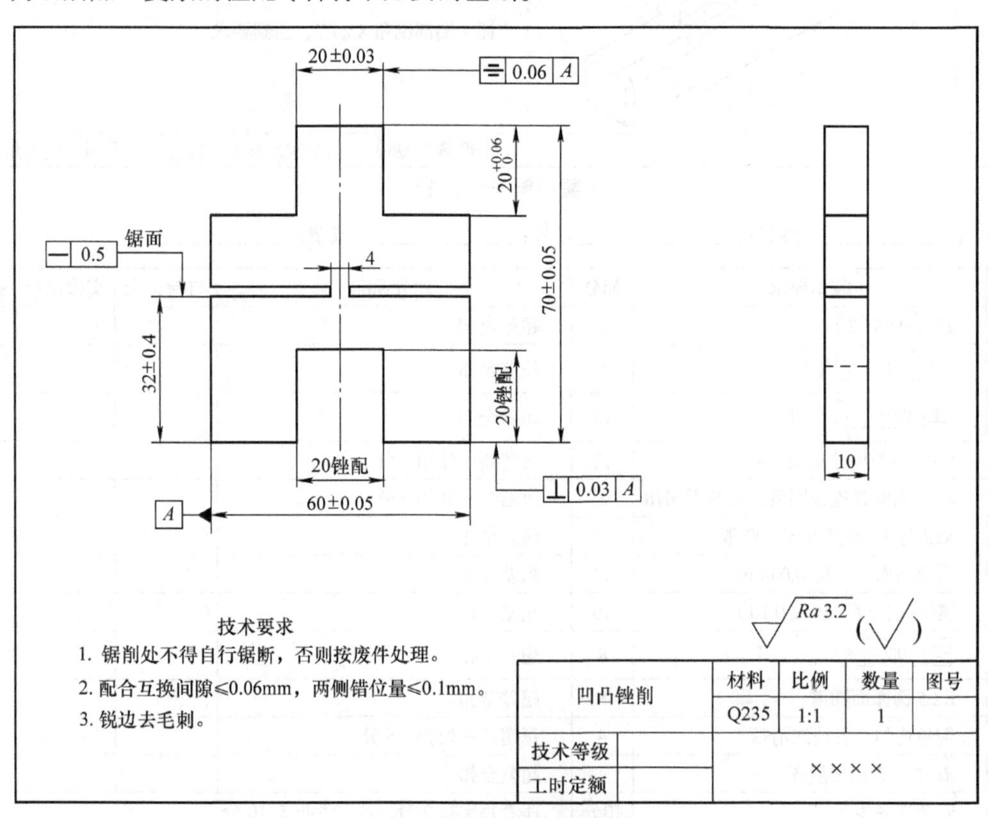

图10-2　凹凸锉削练习图

1. 材料准备

71mm × 61mm × 8mm，两平面磨削加工，材料为 Q235 钢。

2. 工、量具准备

钳工常用锉刀、手锯、皮尺、游标卡尺、刀口形直角尺、（0~25mm、25~50mm、50~75mm）千分尺、塞尺、高度划线尺、游标万能角度尺、划线工具、常用钻头、钢丝刷等。

3. 教学准备

领用工、量具及材料等，熟悉实训要求，复习相关理论知识。

一、对称度误差对转位互换精度的影响

凹凸件都有对称度误差 0.05mm，且在一个同方向位置配合达到间隙要求后，得到两侧面平齐，而转位 180° 配合后，就会产生两侧面错位误差，其误差值为 0.1mm，如图 10-3 所示。

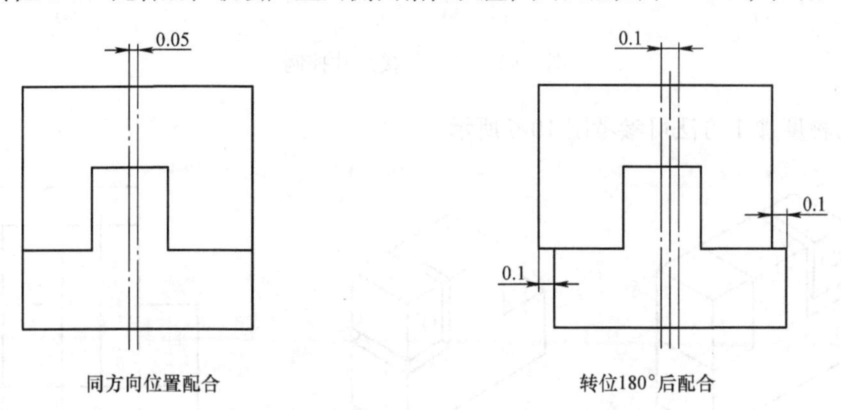

图 10-3　对称度误差对转位互换精度的影响

二、垂直度误差对配合间隙的影响

由于凹凸件各面的加工以外形为测量基准，因此外形垂直度误差要控制在最小范围内。同时，为保证互换精度，凹凸件各型面间也要控制好垂直度误差，包括与大平面的垂直度误差，否则，互换配合后出现很大的间隙，如图 10-4 所示。

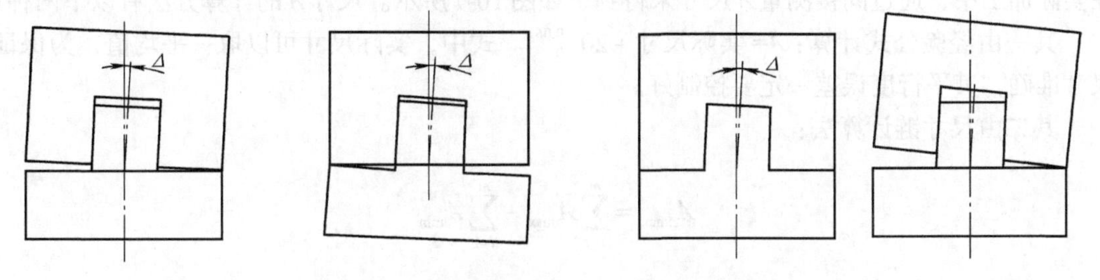

图 10-4　垂直度误差对转位互换精度的影响

三、凸台 20mm 尺寸对称度的控制

以采用间接测量方法来控制有关的工艺尺寸，具体说明如图 10-5 所示。图 10-5a 所示为

凸台的最大与最小控制尺寸；图 10-5b 所示为最大控制尺寸下取得的尺寸 19.95mm，这时对称度误差最大左偏差值为 0.05mm；图 10-5c 所示为最小控制尺寸下取得的尺寸 20mm，这时，对称度误差最大右偏差值为 0.05mm。

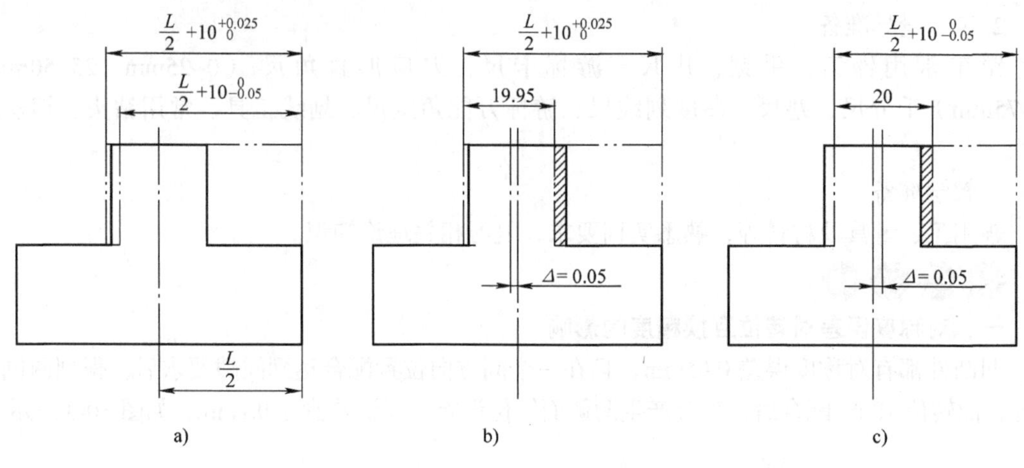

图 10-5 凸台间接尺寸控制

凸台对称度加工方法可参考图 10-6 所示。

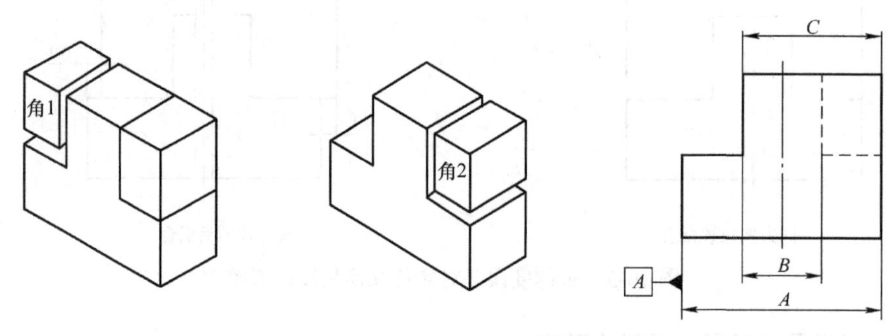

图 10-6 凸台对称度加工方法

四、"$20^{+0.06}_{0}$" 尺寸测量

由于本任务中，没有提供深度千分尺等量具，因此，"$20^{+0.06}_{0}$" 尺寸不能直接准确测量。在实际加工中，通过间接测量 A 尺寸来得到，如图 10-7 所示。尺寸 A 的计算方法有以下两种：

其一由经验公式计算：A= 实际尺寸 $-20^{+0.06}_{0}$。式中，实际尺寸可以取一平均值，为保证尺寸准确，其平行度误差一定要控制好。

其二由尺寸链计算法：

$$A_{\Delta\max}=\sum_{i=1}^{m}\overrightarrow{A}_{i\max}-\sum_{i=1}^{m}\overleftarrow{A}_{i\min}$$

$$A_{\Delta\min}=\sum_{i=1}^{m}\overrightarrow{A}_{i\min}-\sum_{i=1}^{n}\overleftarrow{A}_{i\max}$$

式中　m ——增环的数目；

n ——减环的数目；

$A_{\Delta\max}$ ——封装环上极限尺寸；

$A_{\Delta\min}$ ——封装环下极限尺寸；

$\vec{A}_{i\max}$ ——各增环上极限尺寸；

$\overleftarrow{A}_{i\min}$ ——各增环下极限尺寸；

$\vec{A}_{i\min}$ ——各减环下极限尺寸；

$\overleftarrow{A}_{i\max}$ ——各减环上极限尺寸；

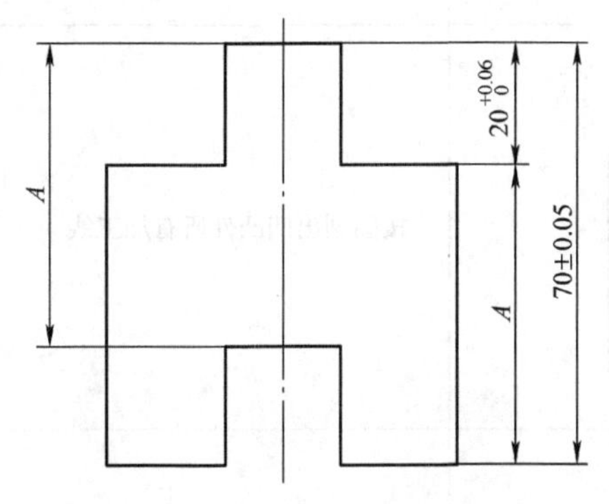

图 10-7　凸台深度尺寸测量方法

五、凹型面余料去除方法

如图 10-8 所示，用窄锯条去除凹型面余料。

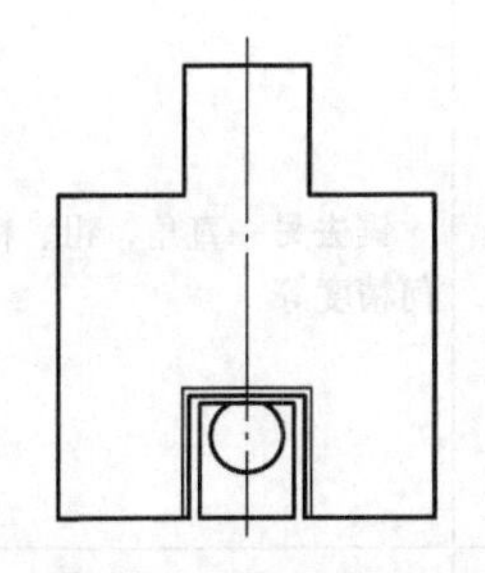
图 10-8　余料去除方法

序号	图示	操作说明
1		1. 检查来料尺寸 2. 粗、精锉凹凸件外形尺寸，保证尺寸及几何精度等要求
2		按图划出凹凸件所有加工线
3		锯去一直角，粗、精锉直角面。通过间接尺寸控制对称度误差、深度尺寸及几何精度等
4		锯去另一直角，粗、精锉直角面。通过间接尺寸控制深度尺寸及几何精度等
5		钻出余料孔，用窄锯条锯去凹型面余料

（续）

序号	图示	操作说明
6		粗、精锉凹型面，用间接测量法控制凹型面各尺寸
7		按要求锯削，保证中间的 4mm 尺寸
8		全部精度复检，并做必要修整，锐边去毛刺、倒钝角

重点提示

1）外形 60mm × 70mm 的实际尺寸测量必须正确，并取各点实测值的平均数值。外形加工时，尺寸公差尽量控制到零位，便于计算。垂直度、平行度误差应控制在最小范围内。

2）本任务主要是提高间接测量水平，20mm 凸台加工时，间接尺寸公差的控制应视实际加工情况分析。

3）凹型面的加工必须根据凸型尺寸来控制尺寸公差，间隙值一般在 0.05mm 左右。

4）凹凸型面深度尺寸“$20^{+0.06}_{0}$”通过间接测量来控制，3 个间接尺寸 A 要控制一致。

凹凸锉削评分表

班级：________姓名：________学号：________成绩：________

序号		技术要求	配分	评分标准	自检记录	交检记录	得分
件 1	1	70 ± 0.05	8	超差全扣			
	2	60 ± 0.05	8	超差全扣			
	3	20 ± 0.03	8	超差全扣			
	4	$20^{+0.06}_{0}$（2）	8	每超差一处扣 1 分			
	5	⌯ 0.06 A	14	超差全扣			
	6	⊥ 0.03 A	3	超差全扣			
	7	32 ± 0.4	5	超差全扣			
	8	⏤ 0.5	4	超差全扣			
	9	锉面 $Ra3.2$（12）	12	每超差一处扣 1 分			
	10	间隙 0.06（10）	20	每超差一处扣 1 分			
	11	错位量 0.1（2）	10	每超差一处扣 1 分			
12		安全文明生产	扣分	违者每次扣 2 分，严重者扣 5~10 分			

学习任务3 角度凸台配合

任务目标

1. 会合理选用钳工工具完成角度凸台配合的加工。
2. 能对角度尺寸进行测量，并准确记录测量结果。
3. 会分析、处理操作中产生的问题。

任务分析

如图 10-9 所示，角度凸台配合是有角度要求的配合。通过练习，掌握角度尺寸的间接测量及修正方法，会分析凸件误差对锉配精度的影响，能分析、处理锉配中产生的问题。练习过程中，尺寸、角度等精度的控制是重点。

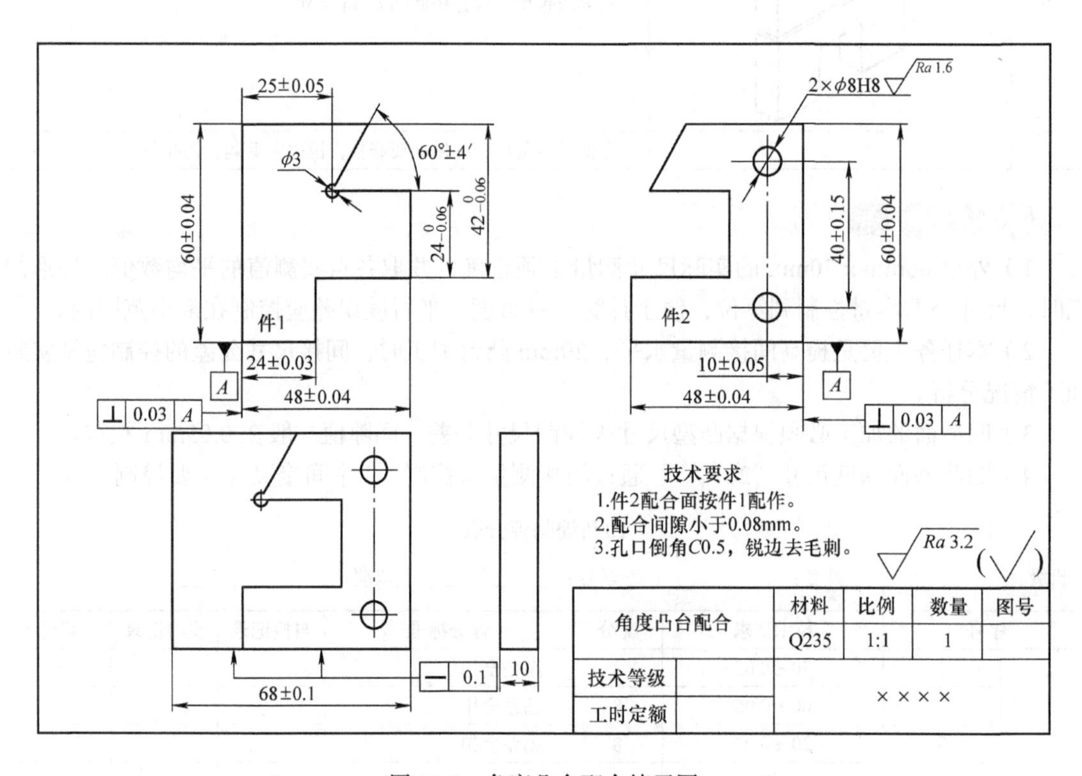

图 10-9 角度凸台配合练习图

任务准备

1. 材料准备

规格为 100mm × 61mm × 10mm 的 Q235 钢板，两平面磨削加工。

2. 工具、量具、刃具准备

工具、量具、刃具准备见表 10-1。

表 10-1　工具、量具、刃具准备

名称	规格	精度（读数值）	数量	名称	规格	精度（读数值）	数量
高度划线尺	0~300mm	0.02 mm	1	锉刀	250mm	1 号纹	1
游标卡尺	0~150 mm	0.02 mm	1		200mm	2 号纹	1
千分尺	0~25 mm	0.01 mm	1		150mm	3 号纹	1
	25~50 mm	0.01 mm	1	方锉	10mm × 10mm	2 号纹	1
	50~75 mm	0.01 mm	1	三角锉	150mm	3 号纹	1
游标万能角度尺	0° ~320°	2′	1	划线靠铁			1
刀口形直角尺	100mm × 63mm	0 级	1	锤子			1
塞尺	0.02~0.5mm		1	锯弓			1
钻头	常用钻头			锯条			若干
铰刀	ϕ8mm	H8		划线工具			1 套
塞规	ϕ8mm	H8		软钳口			1 副
测量圆柱	ϕ10mm × 15mm	h6		钢丝刷			1
整形锉	ϕ5mm			计算器			1

一、“25 ± 0.05”角度尺寸的测量

（1）圆柱间接测量尺寸　如图 10-10 所示，角度尺寸“25 ± 0.05”的测量一般采用圆柱间接测量 *M* 的尺寸来保证，其测量尺寸 *M* 与尺寸“25”、圆柱直径 *D* 之间的关系如下：

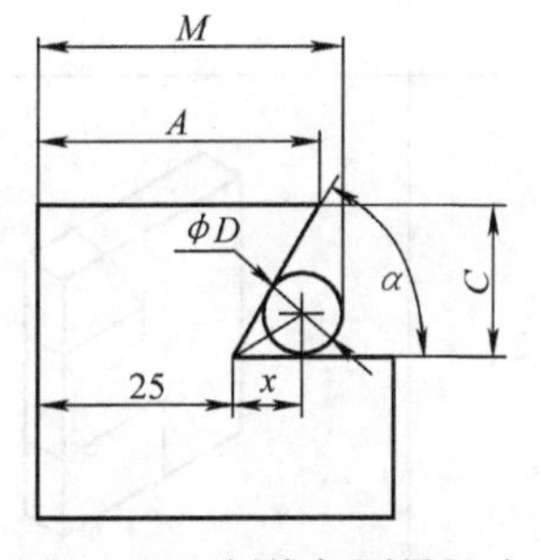

图 10-10　划线与测量尺寸

$$M=25+\frac{D}{2}\cot\frac{\alpha}{2}+\frac{D}{2}$$

式中　M——圆柱间接尺寸；

D——测量圆柱直径；

α——斜面角度。

（2）划线尺寸 *A* 的计算

$$A=25+\frac{c}{\tan\alpha}$$

其中，c 为斜面高度。

二、锉配方法

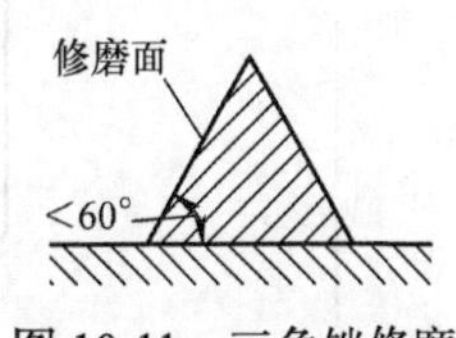

图 10-11　三角锉修磨

1）加工 60° 角度面时，三角锉的一面要修磨至小于 60°，如

图 10-11 所示，防止锉削时碰坏相邻面。

2）角度面加工时，先加工 24mm 的尺寸面，再加工 60° 的角度面，通过圆柱尺寸 M 间接保证尺寸 25mm。

3）配合直线度的保证。为了保证配合直线度要求，凹件尺寸 18mm 的平行度要控制好。实际加工中，可按图 10-12b 所示来检测凹凸件图示位置的直线度。凹件尺寸 18mm 的平行度控制不好，有可能会产生图 10-12c 所示的直线度误差。

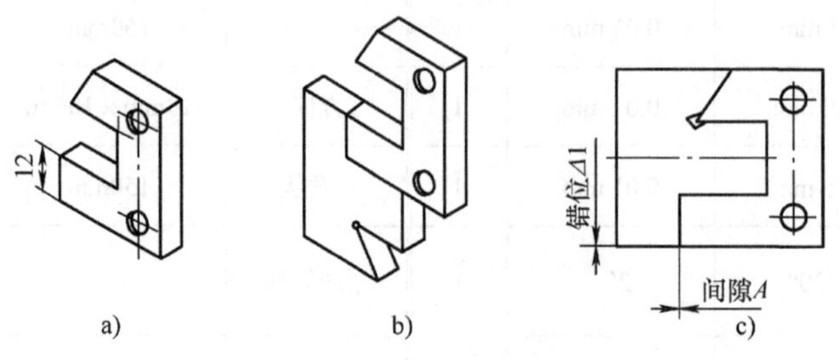

图 10-12　配合直线度的控制

一、加工凸件

序号	图示	操作说明
1	60±0.04 48±0.04	1. 来料检查 2. 粗、精锉凹凸件外形，保证尺寸、几何精度等要求
2		按图划出凹凸件所有加工线
3		钻 ϕ3mm 工艺孔

序号	图示	操作说明
4	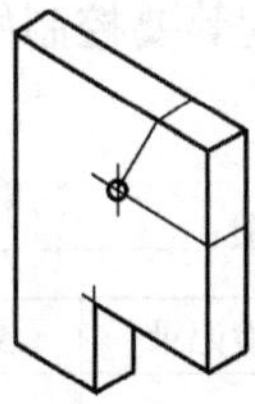	1. 锯去直角面 2. 粗、精锉直角面，达到尺寸、几何精度等要求
5	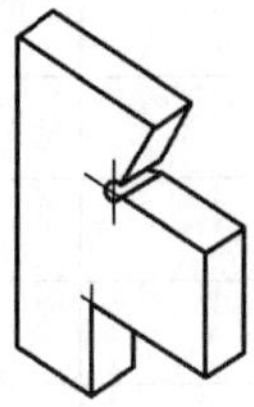	1. 锯去角度面 2. 粗、精锉角度面，达到尺寸、几何精度等要求
6		检查、修整，锐边去毛刺

二、加工凹件

序号	图示	操作说明
1	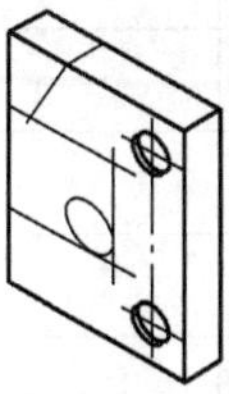	1. 钻 ϕ12mm 去余料孔 2. 钻、铰 2 × ϕ 8 孔，达到要求
2	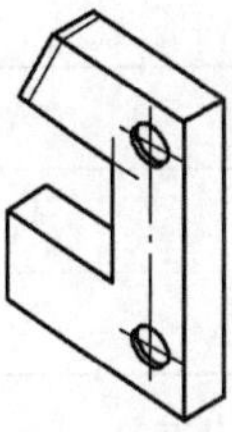	1. 锯去余料，粗锉至接近线 2. 以凸件为基准，锉配凹型两侧面，达到配合要求
3	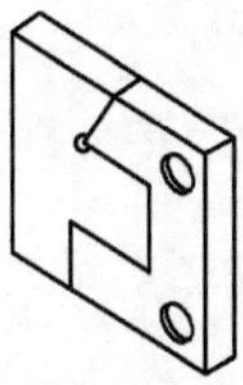	以凹型两侧面为导向，修配凹件角度面及凹型底面，达到要求
4		检查、修整，锐边去毛刺

1）各锉削面的几何误差应控制在最小范围内，否则会对圆柱间接测量、锉配等带来影响。

2）凹件 18mm 的尺寸面是配合的导向面，尺寸、平行度等要控制好。

角度凸台配合评分表

班级：________姓名：________学号：________成绩：________

序号		技术要求	配分	评分标准	自检记录	交检记录	得分
件 1	1	60 ±0.04	5	超差全扣			
	2	48 ±0.04	5	超差全扣			
	3	$42_{-0.06}^{0}$	5	超差全扣			
	4	$24_{-0.06}^{0}$	5	超差全扣			
	5	25±0.05	6	超差全扣			
	6	24±0.03	5	超差全扣			
	7	60°±4′	4	超差全扣			
	8	⊥ 0.03 A	3	超差全扣			
	9	锉面 *Ra*3.2（8）	8	每超一处扣 1 分			
件 2	10	60 ±0.04	5	超差全扣			
	11	48 ±0.04	5	超差全扣			
	12	— 0.1	3	超差全扣			
	13	锉面 *Ra*3.2（8）	8	每超一处扣 1 分			
	14	10±0.15（2）	4	每超一处扣 2 分			
	15	40 ±0.15	3	超差全扣			
	16	φ8H8（2）	4	每超一处扣 2 分			
	17	孔 *Ra*1.6（2）	2	每超一处扣 1 分			
配合	18	间隙≥0.08	15	每超一处扣 3 分			
	19	— 0.1	5	超差全扣			
20		安全文明生产	扣分	违者每次扣 2 分，严重者扣 5~10 分			

参考文献

[1] 张贺林 . 钳工：中级 [M]. 东营：中国石油大学出版社，2004.
[2] 陈宏钧 . 钳工实用技术 [M]. 北京：机械工业出版社，2005.
[3] 温上樵，杨冰 . 钳工基本技能项目教程 [M]. 北京：机械工业出版社，2008.
[4] 朱金仙，何立 . 钳工工艺与技能训练 [M]. 成都：四川大学出版社，2011.
[5] 董永华，冯忠伟 . 钳工技能实训 [M]. 北京：北京理工大学出版社，2013.